CANG PIN BEIHOU

藏品背后

主　编　张亚钧

副主编　李雯雯

地质出版社

·北京·

内 容 简 介

本书共分四个部分，以中国地质博物馆常设展厅的藏品为基础，精选了三十多件具有代表性的馆藏精品，力求以通俗的语言、丰富翔实的资料对每件藏品背后的故事进行介绍。本书为国土资源部"博物馆公众服务研究与建设"项目成果之一，可供地质爱好者及青少年朋友阅读。

图书在版编目（CIP）数据

藏品背后 / 张亚钧主编. —— 北京：地质出版社，2016.6（2020.7重印）

ISBN 978-7-116-09772-8

Ⅰ．①藏…　Ⅱ．①张…　Ⅲ．①地质博物馆－藏品－中国－普及读物　Ⅳ．①P5.49

中国版本图书馆CIP数据核字(2016)第139737号

责任编辑：张　诚　郑长胜
责任校对：关风云
出版发行：地质出版社
社址邮编：北京市海淀区学院路31号，100083
咨询电话：(010) 66554576（编辑室）
网　　址：http://www.gph.com.cn
传　　真：(010) 66554576
印　　刷：三河市人民印务有限公司
开　　本：787mm×960mm　1/16
印　　张：9.75
字　　数：200千字
版　　次：2016年6月北京第1版
印　　次：2020年7月河北第2次印刷
定　　价：48.00元
书　　号：ISBN 978-7-116-09772-8

（如对本书有建议或意见，敬请致电本社；如本书有印装问题，本社负责调换）

前言 ·藏品背后·
PREFACE

　　中国地质博物馆始建于1916年，是中国人自己创建的最早的公立自然科学博物馆，也是北京地区建馆最早的博物馆之一。藏品以岩石、矿物、古生物化石标本为主，涵盖地学各个领域，以典藏系统、成果丰硕、陈列精美享誉国内外。

　　中国地质博物馆经过百年的发展，积淀了丰厚的自然精华，馆藏20余万件，其中有蜚声海内外的巨型山东龙、中华龙鸟等恐龙系列化石，北京人、元谋人、山顶洞人等著名古人类化石；有重达3.5吨的"水晶王"、巨型萤石方解石晶簇，以及种类繁多的宝石、玉石等一系列珍贵的藏品。它们如一本跨越数十亿年历史的书卷，厚重沧桑，意味深长。它们以艳丽多彩的色泽和千姿百态的造型，吸引着千千万万的观众，令人赏心悦目，回味无穷。

　　随着时间的流逝，这些精美的藏品所承载的历史信息逐渐模糊。它们背后又有多少不被人知的曲折故事和非凡经历呢？百年薪火传承，作为博物馆人，我们有义务用真实的笔触将这些藏品背后的信息逐一挖掘、梳理。愿走进博物馆的每一位观众，都能够通过展厅陈列的一件件藏品，了解一系列珍贵藏品背后的故事，感受百年老馆的历史积淀与新时代的风采。

目录 ·藏品背后·
CONTENTS

化石篇——远古生灵

关怀鼓舞篇——历史回音

矿物
岩石
篇
/
自然
精华

中国"水晶王"
ZHONGGUO SHUIJING WANG

郁艳华　王东伟

　　中国地质博物馆珍藏着一块堪称镇馆之宝的水晶，这块水晶晶体发育较完好，整个晶体大约由 13～15 个同种晶体平行连生而成，单个晶体呈六棱柱状；体型硕大，晶体高 1.7 米，最大宽度 1.7 米，厚 1.0 米，重达 3.5 吨。外观看起来像一座晶莹剔透的金字塔，完善的晶面在阳光下熠熠闪光。看到它的人，无不驻足称奇，感叹大自然的神奇。它就是旷世奇石——"水晶王"。

　　水晶，顾名思义，透明如水的晶体。因其晶莹剔透，如水似冰，故在我国古代有"水精"、"水玉"之美称。其化学成分为二氧化硅（SiO_2），是一种叫石英的矿物。结晶完美的水晶晶体，常见的是由六方柱和菱面体组成的棱状柱体，在其柱状晶面上常可以看到横纹。多个长柱体连结在一块，称为晶簇，美丽而壮观。纯净的水晶为无色，当含铝、铁等微量元素时呈紫色、黄色等。水晶形成于几十亿年前的元古代至几千万年前的新生代的岩脉或晶洞里，水晶的生成首先需要有含二氧化硅丰富的热液来源，其次需要充裕的生长空间，同时在两至三倍大气压力下，570℃以上温度，并在充足的生长时间里，才会依着"三方晶系"的自然法则而结晶成柱状的晶体。

水晶因其具有优美的造型、千姿百态的组合以及深厚的文化内涵，被誉为"立体的画，无声的诗"。大自然慷慨地将其恩赐给了我国江苏省东海县，使东海成为闻名遐迩的"水晶之乡"。"东海有水晶，天下皆出名。水晶是个宝，大家争着找"，在东海当地流传着这样一句俗语。可是，这么巨大的"水晶王"是怎么形成的，它在当时又是如何被人们发现的呢？

在2亿至3亿年前，地壳运动非常强烈而频繁，在东海县西侧形成了驰名中外的郯庐断裂带，东侧形成了海泗断裂，且断裂的周围又形成了大量的节理、小断层。与此同时，携带大量含二氧化硅的岩浆涌向地表。由于得天独厚的地理、地质条件，一部分岩浆在近地表冷却形成花岗岩体，其携带的含二氧化硅溶液沿着断层、节理运移，在温度、压力合适的环境，二氧化硅结晶并沉淀下来，从而形成了今天东海的水晶矿。

历史记载，东海人早在300多年前就已开采和利用水晶了。但是受长期小农经济制度所限，只能是小打小闹，零挖散采，因此"守着水晶窝要饭吃"。直到新中国成立后，随着人民生活水平的提高和科技的发展，水晶的用途日益扩大，国家因此加强了水晶的开采和开发工作。

中国"水晶王"
（郭克毅 摄）

房山乡位于东海县城东南 10 千米处，因其山有石如房而得名，史上曾多次发现过大水晶。"水晶王"就出现在房山与牛山之间的柘塘朱郭村。起先，村干部苗福青和社员们在一个叫"大坟头"的岭坡上挖水晶，在离地面 3 米多深的塘子里挖出了胭脂泥。这种土为浅红色，砂拢拢的、粘丝丝的，如筛过的细砂。他们又向下追了 2 米多深，粗壮的"石龙"不期而至。"石龙"是当地人对"水晶脉"的爱称。1958 年 8 月 6 日这一天，东海人第一次因水晶而自豪无比，因为正是这天我国"水晶王"在朱郭村的岭坡出了土！

"找到大晶子啦！"人们欢呼雀跃，奔走相告。民兵们使出平日练兵习武的看家本领，在"石龙"的平行线上凿了三个炮眼，填进炸药。一声令下，随着炮声响起，闪光耀眼的晶子像五指山下的美猴王一样，从石龙里活蹦乱跳地蹦了出来。硝烟散去，人群从四面八方涌来。一下子被石塘里的景象惊呆了：一块超大水晶岿然不动，稳坐塘底。瞧那巨大的块头，两个人都抱不过来。当时三炮只响了两炮，而就是这当中的一眼哑炮，才让"水晶王"幸免于难，侥幸安然出世。

"水晶王"问世
（钟伯友 摄）

柘塘水晶矿工地上，村民们在七八米深的大坑中奋力开采。一般水晶都是零散挖掘的，像"水晶王"这种大矿石实属罕见。地面上排列着出土的水晶，小的如鸡蛋，大的似磨盘。每块水晶出土后，村民们都及时用红漆在上面编写号码，以防散失。其中，不足 50 千克的有 1000 余块，重 100 多千克的有 3 块，

重 300 千克至 500 千克的
有 6 块，重约 800 千克的
有 2 块，重 1500 多千克
的只有 1 块。而为了拉出
这块最大的"水晶王"，
朱郭村村民买来了 7 千克
粗铁丝、几十条粗绳，动
员了全村 303 户的主要男
女劳力，将大坑一侧挖成
斜坡，垫上一排木头，再

重达 3.5 吨的水晶王　（郭克毅 摄）

铺上一层大葱作润滑剂，用大铁丝和粗绳将大水晶拴上，前
面拉，后边撬，一直到傍晚，才将其从塘中拖上了地面。

　　看到如此巨大的"水晶王"，欣喜若狂的农民们异口同
声要把这无价之宝送到北京，献给伟大领袖毛主席。一份关
于东海出土大水晶的报告与实物照片寄到了北京中南海，毛
泽东主席指示要好好保护这一稀世之宝。后来，在原地质部
部长李四光及副部长何长工的亲自过问下，有关部门与东海
县领导取得了联系，将这块"水晶王"运到了北京。

　　1959 年 10 月 1 日，恰值新中国成立 10 周年，"水晶王"
被作为我国首批发现的自然宝物公之于世，在北京展览馆的
资源馆中展出，从此名扬中外。1961 年中国地质博物馆接收
了从资源馆送来的"水晶王"，自此，"水晶王"一直矗立
于中国地质博物馆正门右前方的广场上，成为举世闻名的镇
馆之宝。

与慈禧有关的和田玉
YU CIXI YOUGUAN DE HETIANYU

郁艳华　邱枫

当您漫步在中国地质博物馆外的地质科普广场时，一定会被一个个大型地质标本所吸引。面对川流不息的游人，它们默然伫立，对自己的历史秘而不宣。在这些标本中，一块被标注为"软玉"的石头也许不能给您留下深刻的印象，但在它的背后却有着一个不为人知的故事，这是一块与慈禧太后有关的和田玉。

和田玉又被称之为软玉，是一种韧性极强而又美丽的玉石。在宝石学中，将矿物成分主要由透闪石、阳起石组成的玉石称之为软玉。其著名产地是号称"万山之祖"的昆仑山，

与慈禧有关的和田玉　（郭克毅 摄）

含今新疆维吾尔自治区的和田地区。和田玉具有四大特点：一是颜色相对单一，主要呈白色、黄色、青白色、青色、碧绿色等；二是质地细腻滋润，肉眼难以观察到颗粒大小，俗称毡状交织结构；三是光泽柔和，呈细腻光泽；四是呈半透明至不透明状。

在中国古代艺术宝库中，和田玉始于新石器时代，发展于南北朝，至唐宋元明清步入高峰期，绵延七千年而经久不衰。玉文化是中华民族的珍贵遗产和艺术瑰宝。古人以佩玉为美，视玉如宝。"卞和献玉"、"完璧归赵"的故事脍炙人口，代代相传。中国自古以来就有"玉石之国"的美名，是世界历史上唯一将玉与人性化相融的国家。我们的祖先开创了以新疆和田玉为代表的玉石文明。

中国地质博物馆馆藏的这块和田玉，重约2吨，淡绿色，微透明，质地细腻，形状为近长方体的块体。这块和田玉不仅块度巨大，质地属高档玉料，而且还具有不平凡的经历。

故事要追溯到1904年的一个冬天。慈禧太后偏爱和田玉，每逢其寿辰，王公大臣投其所好，千方百计搜罗天下最好的和田玉作为寿礼，来博取慈禧的赏识。这一年是慈禧的七十寿诞，她又传下了懿旨，让新疆地方官员寻找大块的和田玉，作为其天年之后停放棺椁的大玉座，以此炫耀她的极权，显示她的威严。可是要找到如此之大的上等玉料谈何容易。采玉工们沿着冰冷的玉龙喀什河逆流而上，开山辟路，历尽千辛万苦，他们不知找了多长时间，终于在海拔4000多米处的昆仑山上采到一块巨大的青玉料，经六面切割平整、底面磨光，最终该玉料整理成了长约3米、宽近2米、厚1米多的长方体，其重达20吨。

现存于新疆地质博物馆的另一块玉料
（孙桂鞠 摄）

玉料是找到了，但更为棘手的问题出现了。在这荒山野岭，既无起重设备又无路，如何才能把这么巨大的玉料从山上运到山下，再经沙漠运到万里之外的京城呢？上百名采玉工想出了一个办法，将玉料的磨光面朝下，用圆木棍作垫，采用棍撬马拉人推的办法，前面用几十匹马来拉，后面再由上百人推，缓缓驱动玉石前行。到了冬天就采用泼水冰冻的方法制造出一条冰路，将玉料一点一点艰难地向前驱动。在这条绵延起伏的运玉路上，不知有多少采玉工人忍饥挨饿，受尽折磨，有的累死了，有的饿死了，还有的冻死了，幸存的运玉工人也在痛苦中煎熬和挣扎。正当玉料运至新疆库车县境内时，从紫金城传来了慈禧太后驾崩的消息，饱受摧残的玉工们把对慈禧太后的愤恨全部发泄在了这块玉料上，他们砸碎了这件举世无双的大玉料！块度较小的，不是被百姓搬走，就是被扔到了河里，仅剩两块较大的玉料因太重而幸存下来。

新中国成立后，库车县政府将这两块青玉移入县委大院作为文物保护起来。直到1965年5月，地质部地质博物馆（现中国地质博物馆）的胡承志先生（著名古生物专家）赴新疆进行地质考察时，意外地了解到它们不平凡的经历，敏锐地意识到它们的文物价值和收藏价值，当即向县委表示，希望征集其中一块作为地质博物馆的永久藏品。不负所望,县领导欣然同意,并将其中较大的一块赠予地质博物馆,而另一块赠给了新疆地矿局(现存于新疆地质博物馆)。在胡先生的精心安排和亲自参与下,这件满载着库车县人民深情厚意的珍贵礼物,通过公路铁路联运,于同年9月运抵北京。来自遥远昆仑山上,饱含着和田人民血汗,同时也反映着慈禧太后奢靡生活的这块和田玉从此落户中国地质博物馆。

就是这样一块破碎的和田玉,在其跌宕起伏的命运中,目睹了旧社会的专政和残暴,见证了从旧社会到新中国跨越的辉煌。今天,一百多年过去了,它虽然疮痍满身,但也遮挡不了它青绿色滋润柔和的质地,含而不漏,朴而不拙,由内而外散发着内敛而含蓄的美。

小考据

胡承志:中国地质博物馆研究员、古生物学家,生于1917年。1931-1941年在北平地质调查所新生代研究室工作,完成"北京人"头盖骨修复及模型复制。1945年于南京中央地质调查所古生物研究室从事古脊椎动物研究工作,1948年末在广州岭南大学医学院从事解剖学工作,1951

胡承志 (尹力 摄)

年秋重返南京地质研究所,1953-1956年期间负责南京地质陈列馆筹建,1956年奉命调回北京并着手筹建全国地质陈列馆(现中国地质博物馆),并做了大量野外标本采集和标本收集、整理、修复和研究工作。

被抢救下来的蓝铜矿
BEI QIANGJIU XIALAI DE LANTONGKUANG

白艳宁

　　这是一篇手稿，密密麻麻的记录了一段不为人知的历史，它是由中国地质博物馆一位 70 多岁的退休老职工张则高同志根据亲身经历而写的，叙述了 30 年前保护和采集珍贵标本蓝铜矿的艰难过程，为后人打开了一段尘封的往事。

老职工手稿　（白燕宁　摄）

那是在 1981 年夏季，时任地质部地质博物馆标本厂厂长的张则高同志，偶然从胡承志老先生那里得到一个信息："在广东阳春市石录铜矿发现了造型奇美、晶体完整的珍贵蓝铜矿，但这些珍贵的蓝铜矿被当地矿工当作铜矿石用于提炼铜"。广东阳春石录铜矿是 1966 年原冶金工业部年产铜 1 万吨规模的铜矿项目，当年 4 月 15 日才由广东有色冶金局正式组建。石录铜矿出产的蓝铜矿以板状晶体构成的花瓣状的晶簇而闻名，在国内外享有很高声誉。此次所发现的蓝铜矿标本造型异常优美，像开放的蓝色花朵，让很多看见它的人爱不释手，一经发现即引起众人的高度关注。

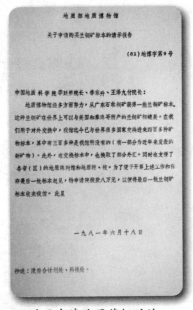

关于申请购买蓝铜矿的
请示报告

这一消息立刻引起地质博物馆的高度重视，出于对石录蓝铜矿珍贵资源的保护，通过各种努力，终于征得原冶金部有色金属局有关部门的许可，同意将此蓝铜矿作为标本由地质博物馆收藏。1981 年 6 月 18 日地质博物馆向当时的上级主管部门中国地质科学院汇报并申请拨款 8 万元，出资购买一批蓝铜矿标本。经过多方努力，几经周折，终于在 1983 年夏天，一场抢救蓝铜矿标本的行动开始了。由时任馆保管部主任刘运鹏、馆标本厂厂长张则高、办公室主任陈康德组成的三人小组，前往广东阳春石录铜矿矿区。他们三人马不停蹄，经多方打听找到了存放蓝铜矿的地方。

众所周知，在当时计划经济年代，石录铜矿区每年要完成年产万吨铜的冶炼生产任务，而蓝铜矿正是提炼铜的原矿石，每 100 吨铜矿石中只有 10 千克左右的蓝铜矿，品质好的蓝铜矿那就更稀少了。如果博物馆收购这批蓝铜矿，势必要影响他们当年的经济效益和生产计划。因此石录铜矿方面不愿意出售这批蓝铜矿标本，博物馆的三位同志出于对蓝铜矿矿物晶体的珍惜，不愿意看到这些难得的高品质蓝铜矿标本化为铜水。在与矿长、地质科长等人多次商议和沟通后，最终达成协议：由地质博物馆以每吨 1 万元的价格收购蓝铜矿原石。

达成协议的第二天，刘运鹏、张则高、陈康德三位同志前往存放蓝铜矿原石的库房，矿区后勤部门准备了很多木箱来配合这批蓝铜矿原石的装箱。就这样，博物馆的三位同志就开始了蓝铜矿标本的挑选、包装和装箱。由于蓝铜矿石表面包裹有矿泥，挑选起来费时费事又费力，一天下来也挑不出几箱，工作效率非常低。于是他们三人商定，将所有的蓝铜矿原石不管大小一律装箱不再挑选。这样经过五天紧张劳累的工作，蓝铜矿原石就这样在三位同志的手中一块块完好地装入了 300 多个木箱中，从炼铜炉里抢救出来的这批蓝铜矿原石重达 15 吨左右，花去了近 15 万元人民币。其中 8 万元是上级单位调拨的，而剩下的 7 万元是博物馆从行政经费挤出来的。大家可以想象，在改革开放初期的 20 世纪 80 年代初，15 万元人民币对一个靠行政拨款的单位意味着什么？

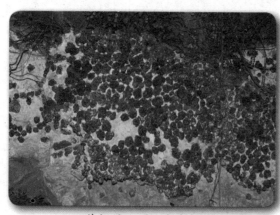

蓝铜矿 （冯皓 摄）

作为博物馆人，对标本的珍爱胜过一切，更何况这批从炼铜炉下抢救出来的蓝铜矿。当这些珍贵的标本运回博物馆后，为了合理开发利用这批蓝铜矿标本，让它们物有所值地发挥作用，馆领导决定，一部分用作矿物标本的交换；另一部分则换取外汇用来购买国外地质标本补充博物馆展厅陈列。当时有很多国外的地质学家前来博物馆进行标本交换。这批珍稀的蓝铜矿标本提升了博物馆在国内外的知名度。20 世纪 80 年代初，时任德国总理希尔来我国访问时曾提出希望获得一块蓝铜矿标本，中国政府满足了他的愿望。凝聚着中国人民友谊的蓝铜

蓝铜矿 （郭克毅 摄）

矿礼品标本，就是来自这批被抢救回来的广东石录蓝铜矿。

2004 年中国地质博物馆重新修缮改建。为了更好地向观众展示博物馆美轮美奂的矿物标本，这些蓝铜矿标本像一朵朵丝绒玫瑰被镶嵌在矿物岩石厅的墙上，让走进矿物岩石厅的观众有一种置身于幽蓝神秘的花园中，感受着大自然和谐韵律之美。时过境迁，岁月如梭，这些珍贵的蓝铜矿标本默默地迎来送往一批又一批观众，向人们讲述着它的历史故事，讲述着老一代地博人为抢救标本所付出的执著与艰辛。

┃小考据┃

　　蓝铜矿是一种含铜的碳酸盐矿物，颜色呈深蓝色，蓝铜矿常与孔雀石伴生，数量多时可以作为铜矿提炼铜，大而鲜艳的晶体可作为宝石或观赏石。蓝铜矿经研磨成粉末可以做蓝色颜料，是中国画中常用的一种颜料，古称"石青"。

巨型萤石方解石晶簇
JUXING YINGSHI FANGJIESHI JINGCU

白燕宁

目睹大自然宝库中的精华，人们惊叹于大自然的神奇，创造出如此美不胜收的奇珍异宝。作为自然科学类的中国地质博物馆，典藏了20余万件藏品。在这些藏品中，矿物晶体种类甚多，其中陈列在中国地质博物馆二层中厅的一件巨型萤石方解石晶簇，其形态之美，造型之奇，令人无不赞叹。

重达 2.5 吨的萤石方解石晶簇
（白燕宁 摄）

这件巨型萤石方解石晶簇标本，长约150厘米，宽约60厘米，高约105厘米，重约2.5吨。站在远处观望，整个晶体仿佛构成一面天然的屏风，硕大的白色间浅粉色片状方解石在绿色萤石的衬托下，恰如朵朵绽放的白莲，清新脱俗。近处观望，两种不同形态、不同颜色的晶体交相辉映，又恰似一幅水墨画，吸引着无数走进地质博物馆的人。该标本于 1998 年采自湖南临武县香花铺，是 2004 年中国地质博物馆在重新修缮开馆之际，不惜重金购置的标本。当时一并购置了两件，另一件长约 120 厘米，宽约 45 厘米，高 90 厘米，重约 1 吨，陈列于一楼大厅。这两件巨型标本在展厅中相互呼应，争奇斗艳，堪称一对"姊妹花"。

当人们看到它们时，无不感叹：大自然是何等的神工，而形成如此奇特的造型？

在自然界，矿物结晶的形成需要极为苛刻的地质条件：特定的物质供给、适合的温度与压力，足够的生长空间以及持续的形成时间。湖南临武县香花铺矿山位于南岭山脉，是中国南部重要

重约 1 吨的萤石方解石晶簇
（白燕宁 摄）

的多金属成矿带。在这片连绵起伏的崇山峻岭中，蕴藏着巨大的矿产资源。香花铺顾名思义是指"开满香花的地方"，以产出质量上乘的萤石而闻名。当地所产的萤石，多呈立方体晶形，浅绿色，透明度及光泽度极佳，最大的萤石单个晶体可达到 25 厘米，有着极高的科研和观赏价值。

萤石，又称"氟石"，是一种钙的氟化物（CaF_2），因在紫外线、阴极射线照射下发出荧光而得名。萤石通常为立方体，两个立方体常相互穿插构成双晶，其次为八面体及菱形十二面体。同时呈现多种诱人的颜色，如紫色、蓝色、绿色、橘黄色、红色等，经常有色带。萤石以其色彩多样、晶形锐

利而成为世界上最受欢迎的矿物之一。

这两件标本中，与萤石共生的方解石晶形多为薄板状菱面体，晶体呈白色或浅粉色。方解石是地壳中分布最广的矿物晶体之一，化学成分为碳酸钙（$CaCO_3$）。晶体形态非常多样，常见的有柱状体、菱面体、板状体、三角面体等。标本中扁平片状的部分方解石直径可达 20 厘米左右，在自然界能形成如此硕大片状的形态还是较为少见的。

矿物晶体形成不易，将矿物晶体从几百米甚至上千米深的矿井中顺利运到地面，同样也不易。在现代化的机械开采过程中很多晶体在没离开地面即遭到了破坏，如此巨大的晶体运入中国地质博物馆同样颇费周折。为确保晶形无损、花形完好，工作人员运输时选用洗衣粉和锯末填充箱体。运到博物馆后搬至展厅时，采用了"搭积木"的方法，将枕木铺成道路，并一点一点地推拉，才得以安置。如今，陈列在博物馆的这两块巨型萤石方解石晶簇，以它们的稀有性和完整性，成为了难得的珍品。

邮票中的矿物——辉锑矿
YOUPIAO ZHONG DE KUANGWU - HUITIKUANG

李雯雯

1982 年 8 月 25 日，为庆祝中国地质学会成立 60 周年，中华人民共和国邮电部特发行了一套《矿物》特种邮票。该邮票全套共 4 枚，共记录了四种矿物标本：雌黄、辉锑矿、辰砂及黑钨矿。有幸的是，后三者的原型标本均保存在中国地质博物馆。

亿万年地质运动，不仅塑造出宏伟神奇的地质景观，同时也形成无数色彩斑斓、姿态万千的矿物晶体。我国疆域辽阔，地质背景复杂多样，所蕴藏的矿物更是具有其独特的地域性。此次发行的邮票之所以选中雌黄、辉锑矿、辰砂及黑钨矿，缘于它们均是享誉世界的我国著名的优势矿种。更有意义的是，这四种矿物标本无一例外地全部产自具有"非金属矿产之乡"美誉的湖南省。

邮票中的辉锑矿
（赵洪山 摄）

辉锑矿曾是最早被国际市场垂青的中国精美矿物之一。邮票中的辉锑矿系出名门，在国际矿物晶体收藏界如雷贯耳，这就是被誉为"世界锑都"的湖南冷水江锡矿山，位于湖南省中部。产自这里的精美矿物晶体，成为国内外矿物收藏爱好者和贸易商们追捧的对象。

辉锑矿作为观赏矿物，最初多为西方人所推崇。许多国家都有漂亮的辉锑矿产出，如罗马尼亚晶簇状辉锑矿，多与方解石和重晶石共生；意大利的辉锑矿与雄黄、辰砂共生；1882年至1886年在日本西南部四国岛上的市川锑矿所发现的辉锑矿被公认为是最好的，晶体可长达50厘米，并组成精美的晶簇。但自中国向世界敞开矿物交易大门之后，锡矿山所产辉锑矿以其发育完美的超大晶体轰动世界，其辉锑矿晶体锋利，形似宝剑，一般长5～30厘米，最长晶体可达1米以上，以辉锑矿上伴生着方解石为一大特点，在国际市场上艳压群芳。而曾占统治地位的日本所产辉锑矿只能屈居第二。

在中国地质博物馆的矿物岩石厅中，陈列了我国产出的形态各异的辉锑矿，有的如花朵绽放，有的如利剑出鞘，有的如鸟巢盘踞。辉锑矿晶体是大自然赐予人们的不可再生的资源，是天培地育之精华；其精美的造型，明亮的光泽，使人赏心悦目，所蕴含的科学意义令人凝神深思，所体现的价值让人追逐不已。走进这千姿百态、精美奇异的矿物世界，人们仿佛置身于艺术殿堂，被这些独特的矿物晶体吸引

辉锑矿 （罗熠 摄）

而痴迷忘返，同时为大自然的鬼斧神工赞叹不已。邮票中的辉锑矿现保存在中国地质博物馆地库中，不轻易走出闺阁。在2010年5月18日中国地质博物馆举办的"世界矿物精品展"中，这件辉锑矿标本曾与观众近距离地见面，同时工作人员在展品旁细心地附上了一张1982年发行的邮票。这件辉锑矿标本高约26厘米，长宽约14厘米，呈钢灰色，由大小不一的柱状晶体组成，晶体呈长柱状，柱面有纵条纹，呈放射状，带着灰黑闪亮的金属光泽，可谓神态天成，似宝剑出鞘，熠熠生辉。

辉锑矿化学成分为硫化锑（Sb_2S_3），属于金属硫化物。除了独特的铅灰色和极强的金属光泽外，辉锑矿晶面常带暗蓝青色，单晶体常呈长柱状或针状，晶头粗的好似利剑，细的如针如丝，形态特征鲜明。集合体（即由很多单晶体集合而成）通常为放射状、束状、扇状、不规则板柱状的晶簇。

锡矿山，锑矿著名的产地。这里还有一个典故，明代嘉庆年间（公元1514年），当地居民在陶塘地区发现，挖出的矿石类似锡矿，该地即取名叫锡矿山。但该矿石一直炼不出锡，故而遗弃。清光绪十六年（公元1890年），新化人刘履斋偶经此地见矿渣遍地，经化验方知为锑，从此翻开了锡矿山作为世界锑都的历史。由此可见，当时人们对锑的认识远晚于锡。历史的原因，这个名字一直沿用到今天，因而就出现了锡矿山产的不是锡而是锑的怪事。

据记载，该地于1892年开始开采锑矿，矿石运销国外，清光绪二十三年（公元1897年）设官办公司开采经营锑矿。1908年开始土法炼锑。第一次世界大战期间，中国为世界产锑大国，锡矿山采冶甚盛，公司林立，达100余家，采冶工人达 10 万之众。据霍有光（1993）统计，1912 年中国锑产量占世界锑产量的 54%，其中主要来自锡矿山。第一次世界大战期间，由于锑主要应用于弹药生产，因此锡矿山锑矿开采量达到顶峰。除 1944～1945 年间因日寇侵略停采外，矿山开采至今已逾 100 年。锡矿山以其巨大的锑矿储量和悠久的开发历史而蜚声中外。地质勘探已探明的锑金属量达 83 万吨，是世界上唯一的一个超大型锑矿床。目前，世界已探明的辉锑矿储量为 400 多万吨，锑矿年产量在 5 万吨至 13 万吨之间，其中约 75% 产自湖南锡矿山。因此我国是锑的生产大国，产量居世界第一。

大量的锑金属元素聚集到一个矿区内，本身既是地球上的一个地质奇迹，也是地质成矿上的一个奇迹。这个问题，曾引起了许多地质学家及矿床学家的认真思考和研究。有人认为，锡矿山地处典型的喀斯特地貌带，大量存在的自然溶洞为辉锑矿沉淀富集和结晶发育提供了得天独厚的空间条件，这是锡矿山盛产辉锑矿矿物精品的主要原因。

锡矿山辉锑矿不仅备受矿物晶体收藏家的青睐，而且同样也吸引了业余爱好者的眼球，不少人都渴望能得到一块形态独特的辉锑矿标本。由于辉锑矿是提炼锑 (Sb) 的重要矿物原料，锡矿山在长期矿山开采中，许多巨大的辉锑矿晶体被打碎入炉。即使人们了解到矿物晶体的价值时，也往往乱锤敲击，未能谨慎开采，更不知妥善包装和运输，以致晶头缺失，晶柱断裂，造成不可弥补的损失。

如今，锡矿山已经开采到深层了，而晶体完好的辉锑矿只存在于矿山的表层。也就是说，几乎开采殆尽了。中国拥有丰富的矿产资源，随着国际矿物标本收藏的影响，越来越多的人们已逐渐意识到高品质矿物标本的经济和科研双重价值。中国地质博物馆在此过程中，无疑起着举足轻重的作用，正是博物馆的百年传承，才使得这些自然魂宝得以留存。

小考据

锑是一种用途广泛的金属：高温下，锑可以迅速隔绝氧气，起到灭火作用，被誉为"灭火防火的功臣"。锑性质坚硬，在印刷活字中加入适量的锑后，就能使合金变硬。基于此，它又有了"金属硬化剂"之美誉。锑不会被氧化，故在电视屏、荧光管、电子管、热水瓶等渗入一定量的氧化锑之后，就能使之久晒而不变暗。因此，它获得了"保护剂"的称号。目前，已知锑矿物和含锑矿物 120 多种，但具有工业利用价值的矿物仅有 10 种，即辉锑矿、方锑矿、锑华、锑储石、黄锑华等，其中辉锑矿是主要的锑矿物。

辰砂王
CHENSHAWANG

袁倩菲

邮票中的"辰砂王"
（赵洪山 摄）

著名地质学家袁奎荣教授在《中国观赏石》一书中写道："到目前为止，贵州铜仁地区一直被公认为世界上辰砂晶体最好的产地，铜仁万山汞矿曾产出举世无双的粗大晶体，被誉为'辰砂王'，价值连城。"袁教授文中提到的辰砂王如今就被收藏在中国地质博物馆。

辰砂，我国古称"朱砂"、"丹砂"，宋代主要产地和市场在辰州（今湖南沅陵），故名辰砂。辰砂的纯品颜色鲜红，有光泽，质脆体重。其化学成分是硫化汞（HgS），硬度 2 ~ 2.5，相对密度约 8.1，属三方晶系，形状有四面体、菱面体、板状双晶等。中国人使用辰砂的古老传统可以追溯到 5000 年前，最早是用来作颜料使用的，后来又用作药材。当代，除了被用作收藏之外，辰砂在工业和医药等领域也发挥着非常重要的作用，是提炼汞的重要矿物；在西药方面，也是一种重要的矿物药，具有镇静、安神的功效。

中国是辰砂主要产出国，产地几乎遍及各省，但完整粗大的晶体仅见于少数几个矿区。由于得天独厚的地质成矿条件，贵州铜仁产出的辰砂在世界上享有盛誉。贵州铜仁早在古代就有开采，明清及民国时期成为汞矿的主要产区；在新中国成立前夕，贵州铜仁的汞矿山多由外国人经营，其因产出的辰砂晶体较大，并常见完美的矛头状双晶，深受海外收藏家的青睐，因此当时开采出的上好的辰砂晶体大多流失海外。

新中国成立后，贵州铜仁的这些矿山被收归国有。与此同时，随着我国现代文明的发展和人民物质文化水平的提高，人们向往自然、返璞归真的情愫猛增，矿物晶体的采集、经营也日益火热。作为观赏石的矿物晶体，其价格要比其所含的有用元素的工业价值高出数百倍甚至上万倍。当时，由于受到开采技术条件的限制，辰砂的开采大多由当地农民手工采集，虽然他们文化程度不高，但个个都是标本专家，对如何采集和保护标本非常有经验，遇到上好的晶体，便悉心采剥并倍加保护，用它来换取高额利润。

1980 年，贵州万山还是隶属于铜仁地区的一个矿区，那里分布着大大小小的矿井，在一个叫作岩屋坪的分矿，矿工吴应泽发现了一颗长达 65.4 毫米，短径 35 ～ 37 毫米，重 237 克的辰砂晶体，它色泽鲜红，结晶棱角清晰，更让人觉得奇特的是辰砂晶簇一侧

辰砂 （郭克毅 摄）

伴生一块白色的白云石晶体，红妆素裹，再加上矛头状穿插双晶，衬出晶体的夺目和美丽。矿工们看到体积如此之大的辰砂晶体，都惊叹不已。分矿矿长在见到之后便立刻与地质博物馆的胡承志先生取得联系，想要将这块儿无价之宝交予地质博物馆收藏。可这宝贝还没来得及送往北京，由于当地矿山抢矿问题比较严重，省里相关部门派人来调查此事，"辰砂王"的消息便不胫而走，国内外收藏家无不垂涎。

为避免辰砂王流落异乡，胡承志当机立断，马上与冶金部取得联系，经过多方协商，最终，这块举世无双的"辰砂王"被批准交予地质博物馆。由于时间紧迫，胡承志拿着介绍信，在馆长刘涌全和业务处处长张均才的陪同下，连夜乘飞机赶往贵州，将这块"辰砂王"护送回北京。1982年，为纪念中国地质学会成立60周年，这块标本以及我国著名矿物雌黄、辉锑矿、黑钨矿精品，被制成四枚纪念邮票在全国发行。

除了"辰砂王"，在中国地质博物馆也同样收藏有一些形态各异的辰砂晶体，吸引了很多慕名而来的观众。辰砂晶体色似红宝石，有金刚光泽，鲜红闪亮的辰砂晶簇常常与玉树琼花般的水晶晶簇、方解石晶簇、白云石晶簇及辉锑矿、黄铁矿等共生在一起，组合成"霞染琼林"、"水晶宫殿"似的种种奇异景观。这些姿容艳丽、异彩纷呈的辰砂晶体，成了国内外众多奇石爱好者和宝石收藏家梦寐以求的珍藏品。如今，辰砂已在矿物界享受尊崇，成为矿物爱好者争先收藏的珍品。它赤红娇艳的体态让人们不禁感叹天工造物。"辰砂王"正以更加优雅的姿态在中国地质博物馆享受世人景仰的目光，尽展王者风范。

太湖石
TAIHUSHI

卞跃跃

　　"太湖美啊太湖美，美就美在太湖水"，一曲风韵无边的江南小调《太湖美》，唱出古镇新城的历史悠扬，因此家喻户晓，传唱全国，并在2002年11月被太湖明珠无锡市定为市歌。其实太湖不但有好山好水，地灵人杰，物华天宝，美丽的江南风景中更是孕育了无数的宝贝，积淀了深厚的文化。其中有一件宝物不能不提，它历尽沧桑、古朴典雅、内蕴悠远、审美独特，堪称中华历史文化百花园中的一朵奇葩，这就是太湖石。

　　太湖石久负盛名，被称作"千古名石"，位列我国古代四大名石之首，可谓古代之国石，当代之瑰宝。太湖石是产于环绕太湖的苏州洞庭西山、宜兴一带的石灰岩，亦因洞庭西山而被称作洞庭石，其中以鼋山和禹期山所产的太湖石最为著名。有深灰、浅灰诸色，纯白者为最佳。质地坚硬，线条柔曲，千窍百孔，玲珑剔透，形态各异，有较高的观赏价值和收藏价值。

太湖石 （徐立国 摄）

　　太湖石有水旱两种："旱太湖"产于湖周围山地，枯而不润，棱角粗犷，难有婉转之美；自然质朴，无矫揉造作之嫌，石体肌理、结构、外形具有其自身独特的自然美，长期摩挲，包浆历历，厚朴古雅。"水太湖"是太湖石中的上品，其产于湖中，十分稀贵；因石体被湖水长年累月浸润，暗流侵袭，形成一个个天然的形状各异的孔洞（俗称"弹子窝"），整块石体通灵剔透，孔洞缠连，扭转回环，妙趣横生，委婉俏丽，含蓄内敛，流露出透风漏目的美姿，其文静优雅的造型令人遐思。

　　太湖石早在一千多年前的唐朝便已闻名于世。唐代著名诗人白居易在《太湖石记》中赞美太湖石是将三山五岳、百洞千谷尽缩在一块石头之上的景观。我国第一部论石专著《云林石谱》中也专门有记载，北宋末期的"花石纲"为皇宫运输的异石就是太湖石。到了明清时期，皇帝的御苑或达官贵人的私家庭园，无不以太湖石来装饰点缀。如北京的颐和园、上海的豫园、南京的瞻园、苏州的拙政园、无锡的寄畅园等，都能见到太湖石的身影。历史上遗留下来的著名太湖石有苏州留园的"冠云峰"、上海豫园的"玉玲珑"等园林名石。

　　中国幅员辽阔，除了江苏太湖流域出产的传统太湖石之外，安徽太湖石和北京房山的北太湖石也有很重要的地位。中国地质博物馆馆藏的太湖石标本，是北太湖石的典型，符合太湖石"皱、瘦、漏、透"的四大审美标准，这块标本还有重要的历史文物价值。

　　新中国成立后，中国地质博物馆由兵马司胡同搬迁至西四羊肉胡同口的2层小楼内，其西侧就是明末名妓陈圆圆的故居。中国地质博物馆馆藏的这块太湖石，原是陈圆圆府第庭院中的那件玲珑剔透的太湖石。这块奇石的精妙之处在于，石内洞洞相通，从石底部点燃烟火，烟雾在石中穿行而上，至顶端冒出缕缕青烟，直升天空，景观甚为奇特。

遥想1644年，那是甲申年，李自成率领的农民军攻破北京城，使得崇祯皇帝自缢景山，明王朝276年的历史就此终结。一个多月之后，前明朝宁远总兵吴三桂"冲冠一怒为红颜"，无论是忍辱偷生一心复国，还是贪图荣华变节投敌，再或者仅仅是为了夺回尚在北京兵马司小院中的红颜知己陈圆圆，引得清军入山海关使北京城再度易主，开启了清王朝的历史。无论是崇祯皇帝、李自成、多尔衮，抑或是吴三桂和陈圆圆，一生荣辱都已然化入历史，或归于了尘土。但这块太湖石始终这样安详地默坐于庭院之中，看花开花落，望云卷云舒，历尽风云变幻世事沧桑，任历史人物从身边匆匆走过，只用窈窕嶙峋的身影默记人间曲折而丰盈的故事。

新中国成立后，为了筹建地质部（现国土资源部），陈圆圆的府邸面临被拆的命运。当时除了院内的两个亭子准备拆迁后在西峰寺异地重建外，其余的物品计划全都清除。时任地质陈列馆（现中国地质博物馆）馆长高振西听后感到甚为惋惜。当他最后一次踏进这个院子时，院中的那块玲珑剔透的太湖石吸引了他的目光。"一定要将这块太湖石留住"，高振西心里默念。后来他多次找上级领导，希望能将这块太湖石转送给博物馆收藏。

就在陈圆圆府被拆的当天，高振西组织馆内为数不多的工作人员，并叫上拆迁的民工一起将太湖石运回馆内。虽然只有几百米的路程，但是没有机械，只有手推肩抬，整整用了一上午才将这块沉重的太湖石运至馆门口。没过多久，馆的二层小楼又被改建成食堂，太湖石被转运到兵马司胡同。后来，由于场地所限，这块太湖石还曾被运到过故宫和六铺炕等地暂存。

　　1958 年，中国地质博物馆的大楼完工，太湖石也结束了"颠沛流离"的命运，重新站立在博物馆的门口。如今当你漫步在新修建的地质广场上，你就能看到这块太湖石，它依然向人们展现着玲珑剔透的身姿，也向人们无声地诉说了那段难忘的历史。

| 小考据 |

　　高振西（1907-1991），字化白，河南荥阳人，地质学家、地质教育家、地质博物馆学家，新中国地质博物馆事业的奠基人之一。新中国成立后，历任全国地质陈列馆（现中国地质博物馆）馆长，总工程师、名誉馆长，历任中国地质学会常务理事兼地质科普委员会主任委员，第五、第六届全国政协委员。1980 年当选为中国科学院学部委员（院士）。从事地质工作 50 多年，为我国地质事业做出了杰出贡献。

菊花石
JUHUASHI

尹超

　　菊花作为花卉"四君子"之一，其纤细狭长的花瓣、婀娜多姿的形态，以及在深秋傲霜怒放的气节，受到人们的喜爱，也使其深深地融入中华文化之中。它象征着不屈不挠的精神，它也代表着名士的高贵身份和深厚友情。而当人们在冰冷的石头上也能有幸目睹菊花的风姿时，心中又能有怎样的一种情怀去抒发呢？

　　在中国地质博物馆的宝石厅中，有一件"菊花"的石雕工艺品。这件工艺品整体呈现暗红色，几朵洁白的"菊花"分布其上，其中一朵还呈现出立体的形态，好似一只振翅的蝴蝶翩翩起舞。除了人工雕刻成的工艺品外，这种带有"菊花"的石头本身就是一件难得的艺术品，在各地的奇石市场上都能见到它的身影，而"制作"这件艺术品的工艺大师正是我们的地球，"制作"的时间或长达亿万年之久。

　　菊花石是一种质地坚硬，外表多呈青灰色，里面含有天然形成的柱状白色矿物的奇石。这些柱状的白色矿物呈放射状散开，很像菊花，菊花石因此得名。由于矿物成分的不同，"菊花"的形态也千变万化。在宝石厅展出的这件菊花石雕件产自湖南浏阳，其花瓣细长、花型较大、花色洁白；此外，北京西山、广西来宾、湖北恩施、陕西汉中、江苏徐州等都是著名的菊花石产地。

菊花石是如何形成的呢？在这些楚楚动人的"花朵"背后又有怎样的故事呢？

首先谈谈浏阳菊花石。这种菊花石产自湖南浏阳河畔的碳酸盐岩地层中，层位是二叠系栖霞组，形成于 2.7 亿年前。据古植物学家说，地球上真正开花结果的植物也就不到 1.5 亿年的历史。菊花石的形成有一个"成花"到"变色"的过程——起初是天青石的晶体在沉淀过程中呈放射状生长，十分酷似菊花的花瓣；后来天青石被碳酸盐岩和硅质物质所置换，才使得"菊花"的花瓣变白。浏阳菊花石是我国最早发现的菊花石品种。据清同治年修撰的《浏阳县志》记载，早在乾隆年间，永和镇就发现了菊花石，一时传为奇物，成为文人墨客的把玩之物。清末维新运动的烈士谭嗣同就酷爱菊花石砚台，善题砚铭，自谓"菊花石之影"，以表达他对家乡——湖南浏阳的一片深情。1915 年，在巴拿马万国博览会上，工艺大师戴清升用浏阳菊花石制作的"映雪"花瓶一举摘得了博览会金质奖章。此外，在 1959 年，浏阳人民将一尊巨型菊花石立体雕件献给刚刚落成的人民大会堂，这是湖南工艺美术研究所的徐佑章、李玉光两位大师的杰作，整件作品形态晶莹剔透、潇洒飘逸、错落有致，是我国石雕艺术品中的一件国宝，也为祖国的十周岁生日增添了一抹亮色。1997 年和 1999 年，浏阳人民又创作了两件具有纪念意义的

菊花石兽鼎　（郭克毅 摄）

菊花石雕，分别献给刚刚成立的香港和澳门特别行政区政府。目前，国内最大的一幅菊花石工艺品是游杰辉创作的"九龙百花图"，整幅作品宽186厘米，高128厘米，共有石菊花118朵。

再谈谈京西的菊花石。这种菊花石主要产自北京西山地区，其中以海淀区的红山口和房山区的周口店最为有名。它和浏阳菊花石在花型和花色上都有所差异，其组成矿物是红柱石。红柱石是一种铝硅酸盐类矿物，它可以用来制作火花塞中的耐火材料。它是变质作用的产物，而造成这种变质作用的则是地下奔涌的岩浆。当地质时代处于距今3亿多年前的石炭纪时，京西地区发育了大量的沼泽和森林，沉积了大量的富含有机质的泥岩层。后来到了恐龙称霸地球的时代，岩浆活动开始变得剧烈起来。在距今约1.3亿年的侏罗纪，地下的岩浆沿着裂隙上升，与早先沉积的泥岩层接触，导致了变质作用发生，形成了红柱石角岩。由于红柱石在不断的生长过程中受到周围泥质矿物的阻力，故不能形成大的晶体，而是呈现一种放射性排列的生长状态，形成了今天闻名天下的京西菊花石。如果从北京市中心乘坐公交前往香山，当路过红山桥时（颐和园北宫门往西）就能看到一个郁郁葱葱的小山头，这便是大名鼎鼎的京西菊花石产地，而这片山头还记载了中国地质博物馆老职工的一段难忘的回忆。

1958年，中国地质博物馆搬进了位于西四地区新落成的大楼。当时为了筹集标本，许多职工和地质队合作，前往北京西山地区进行踏勘。红山口这片山头的菊花石也就成为了重点采集的目标。由于那时的公交没有现在这样发达，从采集地要步行两多个小时才能乘上前往博物馆的公交车。每次采集下来数十千克的菊花石标本都要靠人背着扛着或是用三轮车推到博物馆。就是在这样艰苦的条件下，博物馆的老职工们采集了数十块大大小小的京西菊花石，不仅充实了馆藏，有些还作为礼品赠送给前来参观的领导和外国友人。后来，由于国家在红山口一带建设军事科学院和国防大学，产菊花石的山头被划归军事用地，菊花石的采集工作也就宣告结束。

如今，菊花石已经作为重要的观赏石品种走进了寻常百姓的家中。在客厅里，在书案前，当看着石头上那一朵朵雪白的"菊花"时，我们应该感谢大自然给予我们的馈赠。虽然这些"花朵"是无生命的，虽然它们不能像真的菊花那样吐露芬芳，但是它们是一部记录地球亿万年变迁的史书，是一个跨越科学与文化的传奇。

宝石篇 / 物华天宝

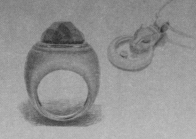

钻石
ZUANSHI

孙桂鞠

世界公认的最珍贵的宝石是什么？是钻石。钻石的矿物名称为金刚石，其主要成分是碳（C）。在宝石学上，只有达到宝石级的金刚石才能称之为钻石。钻石也是世界上最坚硬、成分最简单的宝石。由于切割后的钻石对光的反射能力非常强，常呈现金刚光泽，同时会散发出五颜六色的火彩（宝石学上称为色散），产量极为稀少。因此，钻石被誉为"宝石之王"，几千年来其至尊地位无法动摇，人们把它视为勇敢、

17.56 克拉钻石原石
（冯皓 摄）

权力、地位和尊贵的象征。在中国地质博物馆宝石厅展陈着一颗未经雕琢的钻石原石，重 17.56 克拉，晶形近八面体，它来自我国著名产钻地区——山东，而在另一个展柜中则展示了一颗 4.17 克拉圆钻型切工的钻石成品。

在中国地质博物馆的地库里还收藏着一颗重达 28.06 克拉钻石原石，它的由来还有

一段故事。1985 年金秋时节，新中国第一个宝石陈列室在中国地质博物馆成立。当年宝石陈列室坐落于三楼北大厅。10 月 5 日，宝石陈列室正式对外公开展出，观众络绎不绝，备受国内外观众的好评。期间，时任全国政协副主席王光英，越南革命领袖黄文欢，美国自然历史博物馆副馆长、宝石学家凯勒博士夫妇等慕名来博物馆参观访问，博物馆同时接待了来自民主德国地质部代表团以及来自美国、日本及苏联等国家和地区的国际友人。

4.17 克拉钻石
（冯皓 摄）

展览获得一致好评，但其中也略有遗憾，展品中，国内所产宝石精品太少，急待补充。就在此时，山东省临沭县政府派有关同志前来博物馆联系有偿赠送金刚石一事。经鉴定，该金刚石重达 28.06 克拉，为八面体歪晶，无色透明，无包体无裂隙，相对密度（比重）3.524，属钻石级。该钻石颗粒大，品质佳，实属珍品，据当时地矿司熟悉钻石价值的同志估价，价值至少 20 ～ 30 万元人民币。经向上级单位请示，最终决定将该钻石留作馆藏，向世人展示。考虑到临沭县是老根据地，当时生活还不太富裕，博物馆回赠临沭县政府两部吉普车，以示感谢。

28.06 克拉钻石原石
（徐立国 摄）

其实，山东省的钻石，与中国地质博物馆的渊源还远不止如此。另一颗举世闻名的产于山东省临沭县的钻石——常林钻石也在博物馆的历史上留下了重重的一笔。1977 年 12 月 21 日，当年 21 岁的山东省临沭县华侨乡常林村的姑娘魏振芳和社员一起在田间劳作。这个勤劳的姑娘在挖完了分配给自己的地块后，又帮着已经回家的社员翻起了土，翻着翻着，突然在土中发现了一块闪闪发亮的"玻璃瓶底"。起初魏振芳也没有在意，再挖第二下的时候，一颗栗子大小的东西展现在了她眼前。她弯下腰捡了起来，定睛一看，这哪里是什么玻璃瓶底子啊，这是一颗亮晶晶的钻石！一起劳作的人们全都聚了过来，看着她手里的钻石，赞叹不已。魏振芳捡到钻石的消息已经一传十，十传百，附近村庄的人们都拥到她的家里来看传说中的宝贝。为了这颗宝贝钻石，魏家上下全体总动员，上半夜大哥拿着，下半夜二哥拿着，生怕钻石出了什么闪失。专门从事钻石勘探、加工的八零三矿领导听闻消息后也来到了魏家了解情况。在发现钻石的三天后，几经斟酌，魏家人决定将钻石献给国家，他们找人代写了一封信，并将钻石用信封包着献给了国家。用魏振芳的话说："这钻石没挖出来时是国家宝藏，挖出来后就是国家财产"。1978 年 7 月 26 日，人民日报刊发了华国锋主席将此颗钻石命名为"常林钻石"的消息，继而国内各家报纸、电台进行了相关报道，一些国外报刊也用大幅版面报道了关于常林钻石的消息。一时间，常林钻石名声远扬。

"常林钻石"献给国家后，中国科学院组织有关人员对其进行了全面鉴定，认

常林钻石　（程立伟 提供）

为这颗钻石对于研究地球科学，寻找原生矿，以及研究天然金刚石形成的环境等，具有重要的意义。经测量，常林钻石长36毫米，高16毫米，大头宽28毫米，小头宽25毫米，重达158.786克拉。呈淡黄色，为单晶体，晶体形态为八面体和菱形十二面体的聚形。质地纯洁透明，晶莹剔透，具有金刚光泽，光彩夺目。当时中国人民银行估价为1200万元。

常林钻石模型　　（孙桂鞠 摄）

如此珍贵的国宝，中国地质博物馆本应当仁不让收藏并展出，为世人展示，怎奈"文革"期间博物馆一直处于闭馆状态，加之1976年唐山大地震的破坏，1978年博物馆才开始陆续对各个陈列室进行改造，并对博物馆大楼加固以保证其抗震性，期间博物馆保存条件不适宜，出于对国宝的安全因素考虑，有关部门决定将"常林钻石"送到中国人民银行保管。

为了在一定程度上满足广大观众对"常林钻石"的参观需求，中国地质博物馆特派相关人员专程到北京工艺美术厂根据真品复制出第一件模型。该模型由有机玻璃制成，它的存在，弥补了观众无缘在公开场合见到"常林钻石"的遗憾。现在，只要来到中国地质博物馆，便可以在矿物岩石厅中看到这块根据真品复制而成的模型。

小考据

克拉一词来自一种叫做"小角树"（carob）的种子，由于这种种子的重量具有惊人的一致性，所以早期用它来称重量。1克拉即等于一粒小角树种子的重量。现在标准的1克拉等于0.2克。每一克拉又分为100分，因此一颗25分的钻石，就是0.25克拉。

狗头金
GOUTOUJIN

尹超

在中国地质博物馆现版的 15 元门票上，印有一件熠熠生辉的狗头金图片，这是博物馆众多藏品中的明星之一，它吸引着众人的目光，透显着与生俱来的高贵品质。狗头金是自然金的一种，属于块金，因最早发现的像狗头而得名。现在不论其外形怎样，只要总重量达到 500 克以上的块金就可以称为狗头金。从矿物学角度看，狗头金是自然金晶质和显微碎屑金的天然集合体，矿物之间呈现连生的现象。在狗头金中还混有石英、自然银、自然铜等矿物杂质。这些杂质并非恒久不变，随着时间的推移，一些比较活跃的元素如汞、硫、铁、锰等将不断流失。

狗头金的外形多样而奇特，多数呈不规则薄板状，有的还有对穿的孔洞，边棱和表面都较浑圆，整体形状有的像狗头，有的像卧狮、有的像草鞋，千姿百态，无一类同。狗头金为什么会有如此奇特的外形呢？这还要从它的成因说起。起初，含金的岩浆岩遭到风化剥蚀，变成金碎屑，并被流水搬运，在沉积盆地中沉积下来。随着流水作用的持续进行，水中的金不断沉淀在金碎屑上，逐渐生成薄而不规则的小块金，这便是狗头金的雏形。经过数万年到数十万年的积累，小的块金最终增生形成大块的狗头金。这也是狗头金多发现于河流相砂岩中的原因。此外，有研究表明，狗头金的形态与其形成时的水动力条件有关——水动力越强，前积作用越显著，而侧积作用受到抑制，形成的狗头金呈扁长状。在我国青藏高原切割带的新生代山间盆地中，由于古河流的地质作用十分显著，故也是大中型狗头金的主产地。

狗头金作为自然金的一种，它具有黄金的高贵品质。黄金由于其稀有，耐腐蚀，抗氧化以及可以与太阳光相媲美的金黄色，历来被人们视为财富的代名词，身份和高贵品质的象征。金在地壳中的平均含量是每1000吨岩石含3.5克金。如果1吨岩石中含有3克金就达到了开采的标准。金的化学稳定性很强，除了一些能够溶解金的酸或碱溶液外，金不会被氧化，即使在高温高压的条件下，金也不与氢、氧、氮、硫、碳等元素起化学反应。正因如此，它成为制造货币的优选材料；而"不败的金身"、"真金不怕火炼"等赞美之词也是起源于黄金的这个特性。此外，金具有很强的延展性，1克金能拉成4千米长的金丝，能压成280平方米的金箔，能制成50万张1毫米厚的金纸。金最吸引人的特征还是它的颜色，由于"黄"与"皇"同音，金就赋予了帝王般的气质。纯金一般为瑰丽的金黄色，掺有杂质会使颜色改变。通过金的条痕色还可以鉴定金的纯度，正所谓"七青、八黄、九紫、十赤"（也就是说当条痕色为青色时，含金量70%；为黄色时，含金量80%；为紫色时，含金量90%；为红色时，基本是纯金）。

狗头金还具有很高的科研价值、观赏价值和收藏价值，历来成为西方权威的自然博物馆必备的藏品。研究狗头金的形成机理，对于完善砂金矿成矿理论具有重要的意义。狗头金圆润的外表，惟妙惟肖的形状，以及熠熠生辉的外表本身就是一件值得收藏的艺术品，重达几千克的大型块金更是可遇而不可求。故凡是收藏有狗头金的博物馆或个人，无不把它当作"镇馆之宝"、"镇宅之宝"。

中国地质博物馆收藏的这块金光闪闪的狗头金是1983年被青海海西蒙古族藏族自治州的两位农民意外发现的。在那金灿灿的光芒背后却有着一段离奇曲折的收藏经历，故事还要从当年的一个电话说起。

1983年11月，时任地质博物馆（现中国地质博物馆）的馆长刘涌泉接到当时的地质矿产部（现国土资源部）地质矿产局分管黄金的高级工程师朱凯的一个电话，在青海省西

狗头金 　（郭克毅 摄）

宁市的中国人民银行青海分行有一块重 3.57 千克左右的狗头金亟待寻找安身之所。随即馆领导派胡天南和张锋联系了中国人民银行总行经营管理处的董处长。然而摆在董处长面前的却是一个两难的选择，因为隶属于冶金部的国家黄金办公室也相中了这块珍宝，准备通过行政关系抢先收购。后来在董处长和地质矿产部相关领导的努力斡旋之下，这块稀世珍宝最终在博物馆找到了最后的归宿。当时的黄金价格是 22.4 元 / 克，按照含金量 85% 计算（实际含金量达到了 90%），最终以 67645 元的价格收购——这个数字在 20 世纪 80 年代初已经算是一个天价。

其实这块狗头金原来毛重是 3552.813 克，现毛重 3569.5 克。为什么变重了呢？这个问题引出了它所经历的一段磨难。由于发现狗头金的两位农民不懂行情，用斧子将其劈成了三块（每块分别重 1997.9 克、1090.625 克和 904.688 克），并且破坏了其自然金原有的树枝状结构，大大折损了其价值。由于急于变现，两个农民就匆匆把它卖给了青海海西蒙古族藏族自治州银行，但自治州银行没有金库保存，经过又一番周折，这三块碎金交给了人民银行青海分行，人民银行的同志将其拿到青海地质化验室用环氧树脂黏合。由于黏合剂——环氧树脂重量的加入，黏合后增重了约 17 克，所以最终的重量是 3569.5 克。后来时任中共中央总书记的胡耀邦在青海视察时还一睹了它的真容，在听到其曾经遭到破坏的磨难经历后深感惋惜，指示一定要保护好这些国家的宝藏。

　　这块狗头金从发现到收购的过程是一路坎坷的，而它回家的旅途也并非一帆风顺。1983 年 11 月，地质博物馆派王连生、刘万才、胡天南去青海取宝。然而由于金库保管员外出，三位同志在西宁整整等候了一周。在交接仪式之前，为了防止外面的金贩子，他们被特别安排到人民银行大院内的内部招待所。之后由人民银行派车一路护送上了火车的软卧车厢，在列车上提心吊胆地颠簸了 3 日后，三人才将这块宝贝护送回馆。

　　目前这块狗头金被珍藏在地库中，而观众在宝石厅有幸目睹的是另一块同样产自青海，含金量同样达到 90% 的狗头金，只是重量略微逊色于本文的主角。近年来，狗头金不仅作为价值连城的收藏品和重要的科研材料备受世人关注，它还作为文化的主角出现在文学和影视作品中。狗头金是大自然留给人类的财富，它启迪人们善待自然，让自然界千千万万的珍宝一直闪耀出璀璨光芒。

翡翠摆件
FEICUI BAIJIAN

孙桂鞠

　　在中国地质博物馆二楼的宝石厅中，有一件极具观赏价值的藏品——清代翡翠山子"鱼戏莲叶间"，山子长 6 厘米，宽 1 厘米，高 3.5 厘米，晶莹润泽、质地细腻。此山子运用翡翠丰富艳丽的色泽，精心布局了一幅生动的画面，红色凝重不老，绿色苍翠欲滴，巧色安排精巧得当。借红皮巧雕成鱼儿，借绿色巧雕成莲叶。红色鱼儿跃出水面，与莲叶交织成一幅动人的画面，总体寓意为"连年有余"。整体构图风格淡雅而又不失生动俏皮，颇具艺术感染力。

　　20 世纪初，随着清朝的衰败，大量的古董珍器流落民间，被誉为"九市精华萃一衢"的琉璃厂却在乱世之中进入了它的黄金时代，出

翡翠雕件"鱼戏莲叶间"　　（郭克教 摄）

奇地繁荣。这是因为末代皇帝溥仪被冯玉祥赶出紫禁城后，宫里的珍宝玉器古玩，纷纷流失到了琉璃厂。20 世纪 50 年代，在琉璃厂街头，在古玩商的迎来送往中，许多旷世奇珍惊鸿乍现，又转瞬即逝。在此期间，时任地质博物馆的馆长高振西经常带着馆内的专家到此地寻找合适的馆藏。

某日，高振西馆长来到了琉璃厂一家古玩店内，在众多的古玩玉器中，他和几位专家都不约而同地看到一件放在角落里的翡翠雕件，它就是"鱼戏莲叶间"，这件翡翠与其他的翡翠雕件有很大不同，其颜色丰富，质地、水头都很好。在众多以白色和绿色为主的翡翠雕件中，这件与众不同的翡翠山子，深深地吸引了大家的目光。经过与商家商谈，终于收购了这件山子。自此成为地质博物馆的一件珍贵的藏品。2006 年 5 月 19 日，这件翡翠山子经故宫博物院原副院长周南泉研究员鉴定，确认其为清代玉器，具有一定的文物价值。

翡翠最初是被中国云南一驮夫所发现的。当时云南商贩沿着西南丝绸之路与缅甸、印度等国进行贸易往来。一位云南商人在返回腾冲的途中，为了平衡马驮两边的重量，随手拣了一块石头放在马驮上。回家以后，发现途中所捡的石头原来是翠绿色的，经过初步打磨，发现其碧绿可人。其后，这些商人又多次到石头产出的地方，拣回石头到腾冲加工。后来，此事得以广泛传播，更多的人开始参与到寻找和加工石头的事情中来。这种绿色的石头，就是现在的翡翠。

早期翡翠并不名贵，身价也不高，不为世人所重视，只是流传于民间。乾隆时期的大学士纪晓岚（1724—1805）在《阅微草堂笔记》中写道："盖物之轻重，各以其时之时尚无定滩也，记余幼时，人参、珊瑚、青金石，价皆不贵……"、"云南翡翠玉，当时不以玉视之，不过如蓝田乾黄，强名以玉耳，今则为珍玩，价远出真玉上矣"。清代初期，翡翠基本上还是流通于那些达官显贵、豪门巨贾的股掌之间。之后由于王公贵族的喜爱，尤其是受到清朝乾隆皇帝的推崇和慈禧太后的喜爱，翡翠才被称为皇家玉，由此身价倍增，被誉为玉中极品。

翡翠是以硬玉为主的矿物集合体，纯净的硬玉为无色，当成分中含有致色金属离子时，就出现绿、红、紫、黄、黑等色。据《说文解字》中记载："翡，赤羽雀也；翠，青羽雀也"。也就是说红为"翡"，绿为"翠"。"鱼戏莲叶间"这件翡翠山子恰如其分地诠释了翡翠名称的由来。如今，它静静地陈列在博物馆二层宝石厅中的展柜内，散发着岁月雕刻的痕迹，无声地吐露着它那不平凡的身世。

| 小考据 |

翡翠的质量评价主要从颜色、结构与质地（又称"种"）、透明度（又称"水头"）、净度以及切工等方面综合考虑。颜色是评价翡翠的首要标准，好的颜色应当具备色调纯正、饱和度高、明亮、颜色分布均匀等特点，而结晶体的形状及其结合方式也直接导致了翡翠"种"的好坏；透明度越高，翡翠的品质也越好。在市场中，天然翡翠被称为 A 货，天然翡翠通过人为酸洗加胶的称为 B 货，染色的称为 C 货。

黄玉花觚
HUANGYU HUAGU

王立

早期的花觚人们通常把它描述为"尊"，古时为酒器，明清时期大量出现，各种质地的觚形器，可用作插花、陈设或是供器。造型多为侈口外撇，腹微鼓，腹径小于口径，仿古铜觚式样。细观玉觚，琢制精细有度，造型奇特，构思巧妙，可实用，亦可陈设。

现收藏于中国地质博物馆宝石厅的这件黄玉花觚，高19厘米，口径宽9.5厘米，为中期的作品。整体气质静素清雅，古韵悠然。采用浮雕技法，点、线、面巧妙结合，表面雕刻有青铜器、玉器中常用纹饰，觚底刻有"所司岁祐，造玉修庚"的字样，意为庆贺生辰，祈福保佑之用。更为难得的是，它是以和田玉中颜色较为纯正的黄玉为原料，质地细腻，光泽油润。这件宝贝是1956年高振西馆长携胡承志等人前往北京市宣武区琉璃厂的"青

黄玉花觚　（郭克毅 摄）

石居"所淘来的。

号称万山之祖的巍巍昆仑山，"聚天地之精华，凝山川之灵气"生成中华之瑰宝，形成昆仑之魂——精美绝伦的和田玉。和田玉滋润光洁、细腻晶莹，令人赏心悦目，爱不释手。在中华大地上开发利用和田玉已有 7000 多年的历史。自殷商时期开始，和田玉进入了中原地区，从新疆经过甘肃、陕西或山西才能运抵中原，路途漫长，弥足珍贵。和田玉在周朝成为政治生活的一部分，不论祭祀、礼仪，还是朝见皇帝，都有一套完整的规定。直到汉朝张骞出使西域后，和田玉便大量进入中原，成为中国玉文化的主要材料，成为一种价值的象征。

和田玉深刻影响着中国社会发展的各个阶段和各个方面。中国的历史、政治、军事、宗教、文化艺术、思想道德……都深深地打上了和田玉文化的烙印。对玉的尊敬、崇拜、热爱是中华民族的传统，也是中国文化的特色，世界上其他任何国家和民族都是无法比拟的。在过去几千年的中国历史上，和田玉都归帝王权贵们享用，所以又被称为"帝王玉"，普通百姓连看一眼的资格都没有。到了 20 世纪 50 年代后，和田玉工艺品才逐渐进入普通百姓家，和田玉文化才得以充分地发扬光大。

同时，作为我国传统文化的代表，玉文化代表了古人对君子的定义，形成了玉有五德即"仁、义、智、勇、洁"的形象，君子应比德如玉，将自我的修养情操寄托于玉的身上，是谓无故玉不去身，以玉为纽带，将人、玉、德三位一体结合起来。所以人人向往君子，人人崇拜玉石，玉石不但是一种稀有的宝石资源，更是一种源远流长的中华魂脉。

玉石在我国的产地有很多，但和田玉最主要的产地集中在新疆和田地区。和田玉按其颜色，可分为羊脂白玉、白玉、青白玉、青玉、黄玉、糖玉、碧玉、墨玉等等。我国的黄玉只产自新疆且末和辽宁岫岩，其中辽宁岫岩黄玉多以黄白、黄绿色为主，产量较多；而新疆地区的黄玉颜色纯正、光泽油亮，产量稀少。黄玉的主要组成矿物为透闪石和阳起石，以透闪石为主，多呈毛毡状纤维交织结构，玉石多质地细腻、光泽匀润，微透明，具有极高的韧性。颜色为由浅至中等不同的黄色调，由淡黄到深黄色，有栗子黄、秋葵黄、桂花黄、鸡蛋黄、虎皮黄等色，其中以"黄如蒸栗"色者为最佳。

许多人都会有这样的疑问，和田玉中最珍贵的，价值最高的不是羊脂白玉吗，那为什么一件黄玉会如此珍贵呢，这到底有什么值得我们去探究的？东汉文学家王逸《玉论》中载玉之色为："赤如鸡冠，黄如蒸栗，白如截脂，墨如纯漆，谓之玉符。而青玉独无说焉。今青白者常有，黑色时有，而黄赤者绝无。"黄玉极为稀少，且色泽独特，黄玉似乎天生就融合了金与玉的天性，黄色似金，大地的颜色，火焰的光彩，被佛僧和帝王视为神圣的颜色。黄玉除拥有独特的庄严华贵的色泽外，在我国古代，黄色又代表王者之色，并为宗教所用，有崇高、华贵、威严、神秘之感。黄玉的文化，美学的积淀，如明末浙江杭州的养生家兼布衣学者高濂在论古玉器时说："玉中以甘黄为上，羊脂次之。以黄为中色，且不易的，以白为偏色，时以有之故耳。今人贱黄而贵白，以见少也（《遵生八笺 燕闲清赏笺上 论古玉器》）"。何为"中色"，这与道家五行之说有联系，以中为黄，黄色在中央，也是大地之色，白则偏于一方，偏色即种色为偏侧之色，代表西方，故称白色为偏色。所以中色为黄，品味高贵。在古代，黄玉由于与"皇"谐音，这也是黄玉备受重视的另一个原因，因此这些都使得黄玉具有了极高的观赏性和更深的文化底蕴。

从宝石厅中的这件花觚上不难发现其玉质上乘，玉器表面油润发亮，质地细密紧实，通体呈均匀柔和的深黄色，偶有糖色出现。将其置于强光之下，玉质通透光润，器物内基本不见绺、裂、杂质等，不得不说这件黄玉花觚称得上是"觚中之美器，玉中之精品"。

不曾想，这样一件造型典雅、工艺考究的花觚，它到底经历了怎样的繁华与落寞。也许它曾是哪位王公贵族的公子手中爱不释手的把玩之物；抑或是文武大臣家里藏宝阁中不可多得的奇珍异宝；再或是它经历了我们不曾经历的岁月浮沉，几经辗转流落民间，被置于古玩店的一隅。现在的它静静地站在中国地质博物馆宝石厅中玉石藏宝阁的一角，在众多珍贵绚烂的宝石、玉石中凸显其风华与厚重，它不需要任何的语言和世俗的装饰，就这样不动声色、由内而外地流露，缓缓地向世人展示着它的宁静、清雅与尊贵。

┃小考据┃

侈口：古汉语，专业术语，多用于陶瓷、金属器皿。侈口又称广口，其形状一般为口沿外倾，侈口即向里略坡与内堂口接面，保持里外曲线一致。

石中之王——田黄
SHIZHONG ZHIWANG—TIANHUANG

卞跃跃

田黄，被称为"石中之王"，全世界只有我国福建寿山的一块不到 1 平方千米的区域出产，因色相普遍泛黄色，又产在田里而得名。自从被人们发现的那一刻起就注定了它高贵的身份——它是亿万年地质作用的精华；它具有不菲的身价；它拥有深厚的文化底蕴，而在它的身上还有着无数传奇般的历史故事。

在中国地质博物馆的宝石厅里陈列着一件珍贵的田黄，名为"田黄鹿纹隐起"，它个体娇小，虽然仅有 3 厘米高，但色泽纯黄，质地温润如脂，萝卜丝纹脉络舒展。为一件田黄薄意雕件，雕刻的景物有松柳、山石、小鹿等，画面生机盎然，景色错落有致，雕工细致精巧，线条流畅舒展，整体气息古朴典雅，展现出了一幅自然而美好的山居景色，堪称佳品。

1977 年，福建工艺品公司在北海团城举办展销会。由于地质博物馆离北海较近，馆内的职工经常利用午休和下班后

田黄 （郭克毅 摄）

的时间去展销会上看一看，那时珠宝玉石不像如今那样受追捧，加上当时的工资水平很低，因而销售价格都不高。因为经常光顾，没过多久，馆里的部分职工就和参展商熟识了，还邀请参展商到馆里参观。

很快，撤展的时间到了，参展商不准备将所有未销售的展品带回去。于是找到博物馆吴贵鹏等人，希望能将部分展品低价出售给博物馆。资金有限，此时吴贵鹏等人需要精打细算，既要从处理的展品中掏出宝贝，又不能超出预算。在众多琳琅满目、眼花缭乱的展品中，这块乍看起来不起眼的田黄进入了吴先生的视线——虽然它很小，重量也就只有十几克，但那温润的表皮，诱人的黄色吸引了他的目光。虽然是处理卖，但商家也不肯更多地让价。接下来就是一番又一番激烈的讨价还价，最终以 400 元的价格成交。自此，这件藏品在中国地质博物馆落户。

田黄属于寿山石的一种，寿山石的主要组成矿物为地开石、叶蜡石、高岭石、伊利石、珍珠陶土。田黄的矿物成分主要为地开石，形态呈致密块状。致密块状者呈油脂光泽。因田黄所含的"福（建）、寿（山）、田（黄）"三个字极为吉利，因而有"一两田黄三两金"的说法。

田黄被发现的"历史"是很短的。在明代早中期还没有为人们所认识。它的发现也纯属偶然，据清人施鸿宝《闽杂记》记载，起因竟然是一位进城卖谷的老农，因为担子一头轻一头重，他就顺手拿了块从田里挖出来的黄石头，放在轻的一头，在路过致仕在家的著名文学家曹学佺门前时，被曹学佺发现并买了下来，开始"遂著于时"。但话虽如是说，从那时之后的好长一段时间里好像还是没有受到人们足够的重视。

　　田黄起初受到重视，可能是自雍正年间始。在北京的荣宝斋里，就珍藏着雍正皇帝赐给他十三弟允祥的两颗硕大的田黄方章。允祥是雍正皇帝最倚重的弟弟，被封为怡亲王，而且还是"铁帽子王"。清朝建国初期曾封了功勋卓著的"八大铁帽子王"，此种王爵可以"世袭罔替"，如袭爵者犯罪，只革其人，不削其爵，而由家庭中其他成员继承，也就是说子子孙孙永远是王。而其他非"铁帽子王"即使不犯罪也要每传一次爵位，就要降爵一级。从顺治到康熙这数十年间都没有封过其他人为"铁帽子王"，可见雍正皇帝对允祥的宠信，对宠信的弟弟封"铁帽子王"并赐予田黄印章，也可以看出雍正皇帝对田黄的重视。

　　田黄真正名声噪起缘于乾隆皇帝。相传乾隆皇帝一夜梦到玉皇大帝的召见，玉皇大帝赐给他一块黄色的石头，还赐给他"福寿田"三个大字。乾隆梦醒之后，觉得这个梦预兆祥瑞，但是却对"福寿田"三字百思不得其解。次日乾隆皇帝在朝堂之上，将梦境叙述出来，让大臣们给自己圆梦解说。一位大臣听后连忙跪倒禀告，称"福寿田"三字也许应以"福州、寿山、田黄石"为解，玉皇大帝赐给皇上的一定是产于福州寿山的田黄。乾隆皇帝听后极为高兴，认为这一定是玉皇大帝对自己的恩赐。从此，每年元旦祭天大礼中，乾隆皇帝都要在供案上供一块田黄以感恩上苍，祈求多福高寿与王土广袤。这足见乾隆对田黄的喜爱和尊崇。田黄因此也获得了"石中之王"的美誉。

　　由于田黄石质细腻，柔而易攻，一直被篆刻家所钟爱，并多用以制作印章，成为各种印石之首。乾隆皇帝御用的田黄三链玺便堪称国之瑰宝。这件三联玺是用产自福建寿山田坑的上等田黄石做成。据记载，其原石在康熙年间就来到了清宫，在库房里一待就是近百年。乾隆年间，机缘巧合，这块石头被呈到了乾清宫，乾隆皇帝对其一见倾心，命工匠精心雕琢，于是乾隆三联玺就此诞生。后来，末代皇帝溥仪出逃，紫禁城中众多珍宝都没有留恋，唯独把这件三联玺缝在棉衣里带出了紫禁城，之后又随其颠沛辗转，直到抗美援朝时期，溥仪将这枚极其珍贵的田黄三联玺捐献给了国家。如今，这件珍品收藏在故宫博物院。1997年8月17日，邮电部将此田黄三链玺印制成小型邮票在全国发行。

"黄金易得，田黄难求"。田黄之所以受到众人的喜爱，缘于其质佳色浓，稀少难得。田黄目前仅产于寿山村坑头溪源头至结门潭约8千米沿溪两岸水田及河流底部的砂砾层中。田黄独特的成因形成了石皮、萝卜纹和红格。田黄到底是怎么形成的呢？据地质学家研究，田黄是寿山石矿脉在地壳运动中上升至地表，经过剥蚀、搬运、埋藏，再经物理风化作用形成的。田黄因水流搬运作用距离远，并且在溪流的某些地段沉积后，水化作用十分明显，所以形态多呈浑圆状，质地温润。田黄中特有的"萝卜纹"是一种排列有序的纹理，它是寿山石矿脉成矿过程中形成的，在田黄形成之前就已具备。而红格则是寿山石矿脉形成后因剥蚀、搬运等外力作用破坏而产生的细小裂纹，后经铁质等杂质充填而成，多成暗红色，故名"红格"。

田黄石由于其温润的特性和诱人的颜色被人们赋予了高贵品德的象征，是名副其实的"石中之王"，就像近代著名的金石书画家潘主兰在诗中赞美的那样——"吾闻尤物是天生，见说田黄莫干惊。独特有三温净腻，绝非夸大与倾城"。

鸡血石印章

JIXUESHI YINZHANG

孙桂鞠

　　红色自古以来就被中华民族赋予了积极的含义。它象征着喜庆，构成了春节的主旋律；它象征着权威，装点了皇宫的围墙和廊柱；它代表着诚信，是印章的主打色。春意盎然的花园，一朵朵红花怒放；夕阳下的天空，一丝丝丹霞飘逸，这些都为我们的生活增添了美丽的元素。而当红色出现在天然的岩石上时，石头似乎就充满了灵魂，填充了更为深厚的文化气息。在众多带有红色的石头中，有一种被文人和收藏家竞相追逐的天成上品，它就是鸡血石。

　　走进中国地质博物馆的宝石厅，便可以看到展柜中陈列着几块难得的鸡血石。在其中一对产自浙江昌化的印章石上，红色的"鸡血"像纤维一样密布在黄色的底上，犹如夕阳下天空中的丝丝彩霞；另有一块黑灰色的鸡血石，形状恰似一只抬头挺胸的雄鸡，那一抹红色正好位于鸡的胸部，昂扬挺拔，真可谓集天地之灵气。这些都是 1977 年由馆内老职工在团城展销会上购置的。这几块鸡血石在博物馆展出后，作为宝玉石厅中耀眼的明星，备受国内外观众的关注。

鸡血石是用于雕刻印章的上等材料，因其颜色鲜红，宛如鸡血凝成，因而得名。我国鸡血石根据产地主要分为昌化鸡血石和巴林鸡血石两种。昌化鸡血石血色鲜活纯正，只是地子稍差；而巴林鸡血石的地子细润，透明度好，但血色淡薄娇嫩，故有"南血北地"之称。

巴林鸡血石产自内蒙古赤峰市的巴林右旗，因此而得名。早在1000多年前，巴林石就已经被发现，并作为贡品进奉朝廷，被成吉思汗称为"天赐之石"。不过那时，人们也只是把它们用于做石碗、石臼等生活用品。巴林石大面积开采的历史较短，1973年我国正式大规模开采巴林石，2001年经中国宝玉石协会评定，巴林石与寿山石、青田石、昌化石被评为"中国四大名石"。

昌化鸡血石印章　（郭克毅 摄）

昌化鸡血石产自浙江省昌化县的深山中。它的开采利用，始于元代，兴于明清，距今已有600多年的历史，资源量和开采量逐年减少，已濒于绝迹。昌化鸡血石的开发利用最初以民间雕刻工艺品面市，富有者将其作为收藏或馈赠的佳品。从清代起，鸡血石便成了皇宫、王府的贵重藏品，主要供皇家和官府享用。据清乾隆年间所修的《浙江通志》记载："昌化县产图章石，红点若朱砂，亦有青紫如玳瑁，良可爱玩，近则罕得矣"。乾隆皇帝南巡至天目山时，当地住持进献8厘米见方的鸡血石印章一方，乾隆将它刻上"乾隆之宝"

并注明"昌化鸡血石"，此章现存于北京故宫博物院。除此以外，中央档案馆收藏着两方珍贵的印章，印面分别刻有"毛泽东"、"润之"阴文字样，证实其为毛泽东所使用过的昌化鸡血石印章。更加让鸡血石闻名于世的，是1972年中日建交时，周恩来总理精心挑选的一对"大红袍"鸡血石。这对赠送给前来访问的日本首相田中角荣的鸡血石，立刻引发了一场关于鸡血石的收藏热潮，在香港、台湾和东南亚地区都引起了巨大反响。

巴林鸡血石　　（郭克毅 摄）

　　鸡血石是如何形成的呢？在浙江民间流传着一个美丽的神话传说，而今天的地质学家们又通过科学研究讲述了一个亿万年前地壳变迁的真实故事。

　　相传，远古时一对美丽的凤凰在天庭翱翔时，不时听到哀怨之声，原来是人间蝗虫成灾，瘟疫流行。善良正义的凤凰见此情景，决心以自己的力量去消灭虫灾，驱散瘟疫。通过努力，美好的愿望实现了，感恩的百姓，请求凤凰留下，共同沐浴晨歌与暮曲。凤凰被百姓的精诚所感动，在一座山巅——康山岭，筑起了凤凰沼栖居，不久凤凰沼周围，所有山岩，变得洁白透明，如同白玉一般，玉岩山由此得名。玉岩山上百鸟齐鸣，玉岩山下百姓安居乐业。但就在这时，山上来了一对强横的鸟狮，它们见到凤凰巢居在如此美丽的山头，创造如此辉煌的业绩，并受到百姓的爱戴，就产生了忌妒之心，决心将凤凰赶走，占据凤凰沼。一天，正当雌凤凰进入孵育期，雄凤凰外出觅食之际，鸟狮偷袭凤巢，攻击雌凤凰。雌凤凰勇敢地与之搏斗,凤狮之战使得玉岩山上日月无光。雄凤回巢时,雌凤凰已被鸟狮啄断了一条腿,血洒玉岩山。最后,凤凰凭着自己的智慧和力量击败了鸟狮,含泪掩埋了被无辜践踏的凤凰蛋后腾空而去。凤凰离去,百姓痛惜万分,他们对天祈祷,请求神灵保佑正义的凤凰。百姓的诚意,凤凰的啼血,感动了天地。玉皇大帝派皇太子下凡视察实情,令地藏菩萨将凤凰血和凤凰蛋点化成美丽的丹石,并赋予了这块丹石逢凶化吉、驱邪扬善、惩恶布爱的力量。从此,玉岩山上凤凰血和凤凰蛋经过千万年的埋藏,而成了今天的稀世珍宝——鸡血石。鸡血石本应叫凤血石,只因后人在开采时发现它的色彩与刚宰杀的鸡血相似,才习惯称作"鸡血石"。

当然神话只是一个虚幻的凄美故事,而科学研究表明鸡血石通常形成于约一亿年前的晚侏罗世火山喷出的酸性岩中。当含汞的火山热液沿次级断裂小构造运移时,与流纹岩或流纹质凝灰岩等围岩相互作用,围岩发生脱硅作用即次生石英岩化,使其中的碱金属或碱土金属淋滤掉,而剩余的铝硅酸盐矿物则转变为地开石、高岭石或珍珠石等,随着热液温度不断降低,热液中的汞以微粒状辰砂形式析出,充填于围岩的裂隙中,从而形成鸡血石。可见所谓"鸡血"不是真正的鲜血,而是在地质作用中生成的一种名叫辰砂的矿物。

鸡血石的品质优劣是决定其价值的重要因素。而其品质,主要取决于两个方面:一是地子,二是"鸡血"的含量、形态及整体分布特征。鸡血石的"地"是指除辰砂以外的部分,"地"的质量主要由颜色、透明度、光泽、硬度以及净度等因素决定。颜色一般有白、黄、粉红、藕粉、黑、灰、棕、青、绿等色，硬度是 2~4。鸡血石以颜色深沉淡雅、半透明、强蜡状光泽和硬度小的冻地为佳，并且裂缝和杂质越少，质量越高。鸡血石的"血"色以鲜、凝、厚为佳。鲜者红如淋漓之鲜血，凝者聚而不散，厚者指有厚度、有层次，深透于石层中。颜色越鲜红、越艳丽则越受追捧，但是强调要鲜，仿佛是刚流出的鸡血，那种死板呆滞的干红价格就会大打折扣。其次，看血量，鸡血石讲究血量不仅要多，而且要分布集中。一般一块石头含 70% 的血量即被认为上品，70% 到 80% 之间被誉为"大红袍"，80% 以上为极品鸡血石。连续片状分布的血就比较贵，线状血次之，散点血更次。

鸡血石制作的印章蕴含着东方特有的文化魅力，在世界文化艺林中独树一帜，为各国收藏家誉为具有"国际级身价"，这股收藏热至今仍余温犹存。

孔雀石笔洗
KONGQUESHI BIXI

乐圆

　　一汪清水注入，一个微缩版的碧湖顿时呈现眼前——"湖"岸曲曲折折，"湖"中"怪石"嶙峋，一只绿色的"神龟"浮现在水中。其实即便不用注水，仔细欣赏这翠绿色的微缩的"湖盆"，你就会陶醉其中，就像一首歌曲中唱得那样："远看层层高山流水，近看簇簇奇花异卉，仙境奇迹缩龙成寸，写就丹青色不退，重比黄金胜似翡翠"，这就是陈列在中国地质博物馆宝石厅的一块品质上乘、文化底蕴深厚的藏品——孔雀石笔洗。

　　笔洗是文房四宝笔、墨、纸、砚之外的一种文房用具，是用来盛水洗笔的器皿，以雅致精美、种类繁多而广受青睐。很多笔洗作为艺术珍品被世代传承。孔雀石光泽柔且内敛，美得并不张扬，十分符合笔洗的文雅气质。《石雅》书中记载孔雀石："其色美，故俗以为珍玩。苏颂图经谓信州人琢为腰带器物及妇人服饰。滇海虞衡志亦云，为器皿值兼金。"

　　陈列于中国地质博物馆的孔雀石笔洗是一个集观赏价值、

艺术价值和经济价值于一身的精美艺术品。它产于广东阳春，尺寸大小为 38cm×19cm×10cm，颜色碧绿，纹理呈波浪状，尽显高贵文雅气质。笔洗内部有很多同心纹层状图案。其中在中部的边缘处有一个凸出的椭圆形同心纹层形态很像一只龟，而其他的则像是湖中的怪石。与一般规整的圆形和椭圆形笔洗不同，它是依据石头本身的形状加工，更显得自然和生动，而它也是中国地质博物馆早期发展的一个见证者。

那是 1955 年，位于西四的博物馆新大楼还在规划建设中。

但当时的老馆长高振西就已经开始为新博物馆的发展谋划蓝图，除了整理清点暂存于库房中的标本外，高馆长还利用下班后以及节假日期间到北京各地的古玩市场去收集标本和展品，其中位于城南的琉璃厂是他经常光顾

孔雀石笔洗　（郭克毅 摄）

的地方。一天，在一家名叫青石居的古玩店里，高馆长一眼相中了这个孔雀石笔洗，并用当时为数不多的博物馆经费将其收购。后来经过故宫博物院周南泉研究员的鉴定，这是一个清代的文玩器，当时只有大户人家和文人雅士才能拥有这样的珍品。如今，类似这样的文玩器已是古玩拍卖市场的宠儿。2009 年，无锡一次秋季拍卖会上，一件与之相似的清代孔雀石笔洗的预估价就达到了 20 万元。

孔雀石笔洗为何能具有如此高的价值呢？这还要从孔雀石的石质、成因以及它的文化历史讲起。孔雀石主要化学成分是 $Cu_2CO_3(OH)_2$，由于含有二价铜离子而呈现诱人的绿色。

这种绿色明暗交替，还有同心环图案，很像绿孔雀的尾羽，由此而得名。虽然它的名字里有个"石"字，但却几乎没有石头坚硬、稳固的特点，相反是一种脆弱的矿物，甚至比玻璃（硬度为 5.5～6）还娇贵几分。它的韧性差，硬度（3.5～4）低，具脆性，所以孔雀石要尽量避免磕碰。正因如此，孔雀石艺术品的设计需要以精湛的工艺为依托。另外，孔雀石接触酸性和碱性物质后会发生化学反应，容易损伤表面的自然光泽。因此能完好保存至今的以孔雀石为原料的古代艺术品并不多，这是其价值高的重要原因之一。

孔雀石形态多样，有呈柱状、针状、纤维状、晶簇状、肾状、葡萄状、皮壳状等，在一些集合体的内部常具美丽的同心层状或放射纤维状花纹，亦深亦浅的绿色交织在一起，呈现出一幅斑斓美景。孔雀石诱人的绿色和多样的形态是自然界其他任何石种所无法比拟的，正是这种特点赋予了孔雀石独有的魅力和高贵，使其在众多种类的观赏石中脱颖而出。

孔雀石的文化历史非常悠久。早在 4000 年前，古埃及人就将孔雀石用作儿童的护身符，以祛除邪恶灵魂。我国是孔雀石出产的大国，在广东、湖北、江西、内蒙古、西藏、云南等地都有孔雀石产出。其中以广东阳春和湖北大冶铜碌山最为有名。孔雀石很早就被古人发现并利用。在湖北的一个商代遗址中就发现了一块重达 18.8 千克的孔雀石，在云南秦汉时期的一

孔雀石笔洗侧面照　（郭克毅 摄）

座古墓中出土了至少一万枚孔雀石珠子；而根据史料记载，至少在明代以前，我国就出现了专门开采和加工孔雀石的工厂了。在我国古代，孔雀石又有"绿青"、"石绿"、"青琅轩"等清雅清秀的美称。可以说在翡翠传入我国之前，它是一种重要的绿色宝石。近现代以来，这种绿色宝石更是制作各种饰物的重要原材料之一，在市场上经常能见到孔雀石做成的项链、鸡心吊坠、戒面，以及雕件工艺品和印章等。1954年9月，苏联共产党中央第一书记赫鲁晓夫赠送毛泽东的礼物中就有一件孔雀石首饰盒。

孔雀石不仅作为首饰雕刻的原材料在人类古代艺术发展史上写下了浓墨重彩的一笔，它还是古代绘画中绿色颜料的主要来源，敦煌莫高窟以及古代很多壁画中的绿色都是以孔雀石作为原料绘制的。据说，用孔雀石粉末制作的意大利名画《春天》已收藏500年之久，其颜色依然鲜艳如初。原始状态的孔雀石亦日晒夜露不变色。孔雀石在工业上和医学上还有广泛的用途。孔雀石产于铜的硫化物矿床氧化带，常与其他含铜矿物共生，如蓝铜矿、辉铜矿、赤铜矿、自然铜等。它不仅是寻找铜矿资源的指示性矿物，也是工业上提炼铜的重要原料。此外，它还是一种名贵的中药，有解毒、去腐、杀虫之功效。

时至今日，孔雀石的价值越来越得到人们的认同。它不仅受到收藏界的追捧，其日臻稀少的资源让人们体会到了它的弥足珍贵。

青金石屏风
QINGJINSHI PINGFENG

谭锴

　　石中有画，画中配诗——中国地质博物馆中就有这样一对藏品，它是清代皇室的珍玩，不仅融入了宝石的纯朴之气，还体现了清代雕刻大师的精湛技艺，更彰显出古代帝王题诗的雅兴，这就是目前陈列在宝石厅的一对清乾隆青金石屏风。

　　青金石的英文名称为 Lapis Lazuli，来自拉丁语，意思是"蓝色的宝石"。 它是一种不透明或半透明的蓝色、蓝紫色或蓝绿色的宝石，属硅酸盐中的方钠石族矿物，等轴晶系。晶体形态呈菱形十二面体，集合体呈致密块状、粒状结构。如果含较多的方解石时呈条纹状白色；含黄铁矿时就在蓝底上呈现金黄色星点，带有闪光，青金石的名字的"金"由此得名。青金石具有玻璃光泽和蜡状光泽，条痕浅蓝色，半透明至不透明，硬度 5～6，青金石的主要产地有美国、阿富汗、蒙古、缅甸、智利、加拿大、巴基斯坦、印度和安哥拉等国。其中阿富汗巴达克山青金石矿区是世界上最著名的青金石产地。中国青金石矿矿石品位不高，至今未发现大型青金石矿床。青海、云南的青金石矿难以开采，内蒙古的青金石矿有小量开采，但由于原矿品位较低、运输困难、价格昂贵，无法继续生产，已于 1977 年停产。目前只有四川合川和江苏溧水两个矿坑仍在开采之中。

青金石作为中国著名的古代玉石，使用历史非常悠久。由于其美丽的天蓝色以及耐久的特点，我国古代很早就把它作为彩绘用的颜料。新疆拜城县克孜尔石窟和甘肃敦煌石窟早期的壁画艺术中都应用了青金石颜料。在北朝时期到元代，石窟壁画、彩塑艺术中也都应用了青金石颜料。除此之外，青金石玉石的工艺品和首饰，也在徐州东汉墓、河北赞皇东魏墓和宁夏固原北周墓中偶有出土。

中国地质博物馆的这对青金石屏风，高 25 厘米，宽 27 厘米，青金石屏面高 15 厘米，宽 25 厘米，最厚处 1 厘米，最薄处 0.5 厘米。质地致密、坚韧、细腻，屏面的蓝色相当浓艳、纯正且十分均匀，表面看不到方解石和黄铁矿杂质。屏面属于标准的扁平型玉石作品，线条流畅，转角圆润，没有裂纹，是顶级的青金石。屏面嵌入的框架是紫檀的，屏面下方用象牙雕刻出一幅半镂空的对应于青金石屏面的画，以暗红和亮黄两种颜色为主。背面阴刻了花草树木填金图。屏风的支架以及底部还雕刻有中国古代传统的祥云和绳结的图案，更显出其雍容华贵。根据画面内容，这对青金石屏风分别定名为"青金石填金泛舟图"插屏和"青金石山水亭台图"插屏。

青金石填金泛舟图插屏上雕刻的是泛舟回来的渔夫在杨柳岸就着夕阳晒网，画面总体是三树一船的格局，约成倒三角形的构图。船停靠在左边两棵柳树侧，右边一颗柳树比较繁茂，因此独立一旁。船上一共有四人，船头一人晒网，两人一里一外地整理刚捞上来的鱼，船尾一人在收拾鱼篓。雕刻家用高低起伏波浪纹表示湖水和湖面上的水汽，还借助青金石的光泽和反射角度，在渔船和河岸上雕刻出了一丝丝夕阳的余晖。下侧的木雕也反映了这个画面，不过多了些芦苇，显得更为真切。屏面上的题诗为："浮家泛宅足课生，归櫂得鱼那忘言。舮泊柳塘先曬網，絲丝斜挂夕阳明。"

青金石山水亭台图插屏上雕刻的一座依山傍湖的亭子以及周围的杏树、枫树等。整体构局是把亭子围在一圈山水奇树之中。亭子是一座普通简单的四方亭，中心耸高，顶有一圆珠，亭顶仅有一条纹饰环绕。周围的树木花草大多伴奇石崖壁而生，把湖中心的亭子围在中间，大有众星托月之势。这幅作品上同样运用了青金石特有的断面和光泽来烘托暮霭的气氛，由此可见这是青金石雕刻的一个重要手段。下侧的木雕则反映的是在亭子中远眺湖面的画面。题诗为："一笠孤亭四柱空，灵明向远纳无穷。瀠澈妙处于何是，只在朝岚

青金石填金泛舟图插屏 （冯皓 摄）

夕霭中。"

关于这两幅屏风还有这样一段故事。新中国成立后，地质部将全国地质陈列馆（中国地质博物馆的前身）于1953年1月由南京迁往北京，1955年与北京馆融为一体。新合并的博物馆急需大量标本，于是馆长高振西等前往位于前门大街对面的琉璃厂搜寻采集遗落于民间的奇珍异宝。当时这位将近半百的馆长无意中进入一家名为"青石居"的古玩店，忽然眼睛一亮，两块看似普通陈旧的屏风吸引了他的目光。当古玩店老板知道是国家级博物馆前来征集藏品时，义不容辞地将这两块屏风捐赠了出来，只象征性地收取了点费用。虽然当时觉得这两块屏风上的题字有帝王风范，雕刻大有康乾盛世的风格，但是并没有确切的信息说明这两块屏风的来历。直到2006年5月19日，请来了故宫博物院原副院长周南泉研究员鉴定，这两块屏风的御题确实均为清朝乾隆所创作并亲笔题写。据说是乾隆当年下江南到了扬州柳浦一带，有感

青金石山水亭台图插屏 （冯皓 摄）

青金石填金泛舟图插屏细节图　（冯皓　摄）

于当地的柳风夕霭和亭台渔舟，于是诗兴大发，写了这两首御题诗。回京后，恰逢西部吐蕃回鹘进贡了一批质量上乘的青金石原料，于是一时兴起找来宫廷艺人将其按照当时的美景及其题诗的内容雕刻成了这两幅青金石屏风。两件屏风上的图案全是湖边的美景，属于传统的田园风光类型，反映了作者对美好事物的渴望，以及宁静致远的心境，总体雕刻细致，做工精良，颇有大家风范，是难得的上品。

煤精
MEIJING

袁倩菲

　　煤精又叫煤玉，古人称之为石墨精。它结构致密，外表黝黑发亮。比煤坚韧，质地细密，具有一定的可雕刻性。说到煤，大家的第一印象可能就是"傻、大、黑、粗"，而在中国地质博物馆的宝石厅有机宝石部分展示的两件煤精雕刻的精美艺术品，从根本上改变了"傻、大、黑、粗"的形象。

　　这两件煤精展品中，一件是一条奋力向上的鱼，鱼嘴向上张着，尾巴上扬，栩栩如生。鱼素有"年年有余"的良好寓意，而这件"鲤鱼跳龙门"更有四季丰收和步步高升的美好寓意。与它相对摆放的另外一个件是一只昂首阔步的狮子，它张开的嘴巴仿佛能让人听到它怒吼的声音，而它的四只爪子则有力地抓在石头上，与底座浑然一体。这两件展品既古拙又和谐自然，堪称精品。不同于其他的宝石展品，它们并没有被玻璃罩罩着。观众可以近距离的观察它们的外观特征，用手触摸感受它们的细腻质地。

煤精是褐煤的一个变种，由树木埋置于地下转变而来。它的化学成分变化很大，主要由碳、氧、氮及少量矿物质组成。颜色为黑、褐黑色，树脂光泽，抛光表面为玻璃光泽。不透明，质地致密细腻。硬度 2.4～4，摩擦时像琥珀一样带电。具有可燃性，热针测试或燃烧时发出燃煤的气味。肉眼识别煤精主要依据其具有一定硬度、贝壳状断口、致密块状构造等特征。而它不污手的特性，也是区分它和普通煤的一个很重要的特征。世界优质煤玉主要产地有英国的约克郡费特比附近沿岸地区、法国的郎格多克省以及西班牙的阿拉贡、加利西亚和阿斯图里亚和中国的抚顺等地。美国的科罗拉多州埃尔帕孛县的煤玉可进行精细抛光。其他如美国犹他州、新墨西哥州、德国、加拿大等的煤精质量较差。

我国辽宁抚顺的西露天煤矿是我国煤精的主要产地。抚顺盆地位于辽宁省境内抚顺—密山断裂带的西南部，其含煤层是一套以细碎屑岩为主的含煤、含油页岩系，由下至上可划分为老虎台组、栗子沟组、古城子组和耿家街组，其中古城子组为主要含煤层段，为主要的可采煤层，结构较复杂，富含树脂体，主要由页岩、煤层及油页岩组成。煤精即产自此层段中，主要呈似层状、透镜状产出，并多与腐殖腐泥、琥珀煤共生，接触界线清楚，煤精层厚变化较大，产出的块体较大，结构较为均一。

作为煤的一个特殊品种，它同普通煤一样可以燃烧，因其质地致密，具有一定的韧性，可用作工艺雕刻制品原料。煤精作为工艺品原料要求色黑、无裂纹，光泽强，致密无杂质，可从颜色、光泽、质地、瑕疵和块体五个方面进行评价：颜色越黑越好，纯黑色者为佳品，如果带褐色则较差；光泽以明

煤精雕件 （郭克毅 摄）

煤精雕件 （郭克毅 摄）

亮的树脂光泽或沥青光泽为好，光泽弱者为次；质地致密细腻者是上品；无裂纹杂斑者质量好；块体越大越好。

煤精雕刻是我国传统的雕刻技术之一，有悠久的历史。装饰品、实物资料证实，有些煤精制品及其坯料被埋在地下数百年乃至数千年，仍保存完好，没有风化、龟裂现象。沈阳新东遗址发掘出来的煤精雕刻制品，是我国从六七千年前石器时代就已开始利用煤炭的直接证据。1956年陕西沣西的西周墓出土过煤雕圆环。1963年河南陕县刘家渠汉墓出土的有煤雕的小羊和头簪。1975年在陕西宝鸡茹家庄发掘的弓鱼伯墓中，出土有200多枚黑色的玦，黑玦结构别致，显现鲜艳的沥青光泽，在墓中埋藏近3000年，仍然黑润光亮，经分析，其成分是一种名叫煤玉的矿物质。1976年陕西宝鸡竹园沟的西周小墓出土过煤雕的玦。煤精雕刻作为一种独特的技艺，被不断地传承了下来，涌现出辽宁抚顺、山西大同、贵州六盘水等不同流派。今天，在辽宁、四川、陕西等省仍有不少的工匠和艺人从事煤精雕刻。

抚顺艺人用煤精雕刻成的飞禽走兽、花鸟鱼虫、神话故事及书案文献等工艺品，美观大方，古朴素雅，别具风采，颇受国内外各界人士的赞赏和欢迎。20 世纪初，日本侵略者对东北进行经济渗透时，对西露天矿的煤炭进行大量掠夺，同时对民间煤雕艺术品深感兴趣，促使抚顺煤雕更进一步发展起来。煤雕产品价格曾经和岫玉非常接近。进入 21 世纪以来，由于煤精资源日渐减少，煤精制品便显得格外珍贵。中国地质博物馆宝石厅陈列的两件煤精制品就曾在 1958 年 10 月于北京展览馆举行的全国工业交通展览会上展出过，展览会结束后他们被转赠给了中国地质博物馆。

作为国家级非物质文化遗产项目，抚顺煤精雕刻在上海世博会辽宁馆亮相，让更多的人认识了煤精，了解了煤精制品。就让黑色的精灵在历史长河中永远流传，为悠久的华夏文明呈现一份无价瑰宝。

化石篇／古远生灵

龙披凤羽——中华龙鸟

LONGPI FENGYU—ZHONGHUA LONGNIAO

尹超

在中国传统的吉祥图案中，龙凤图案是最为重要的一种。凤作为神话中的百鸟之王，其来源有多种说法，其中的一种认为凤由龙演变而来。虽然这并不被大多数人所认可，但来自中国地质博物馆的一块化石珍品却告诉我们，这是发生在史前生物界的真实历史。当然这里所谓的"龙"和"凤"已不是神话传说中的形象，而是史前生物爬行于大地上的恐龙和翱翔于天空中的鸟类。这块化石珍品便是大名鼎鼎的中华龙鸟，它不仅在生物演化的教科书上写下了新的传奇，在它的背后还有一段曲折离奇的收藏过程。

故事还要从 1996 年说起。那年的 8 月中上旬，辽宁北票市上园乡四河屯农民李玉民来到中国地质博物馆有偿捐赠古生物化石标本。当时他身上带着四件东西：两块孔子鸟标本，一块硅化木，还有一块未定名的标本。中国地质博物馆科技处的尹继才等人接待了李玉民。由于当时孔子鸟最热门，硅化木不值钱，而中华龙鸟这时还无人认识，尹继才便带着标本向时任馆长季强请教。季强看到标本很特别，长得有点像鸽子，昂首挺胸；特别是这块标本外形较好，观赏价值较高，适合展览。于是他就决定将这三块标本全部收为馆藏。接下来就是一番激烈的讨价还价，最终孔子鸟标本以每块 1 万元，硅化木几百元的价格留了下来，那块还不知名的标本以 6000 元成交。

当季强再次仔细端详着这块"无名"标本时，他发现其的确与众不同。从骨骼的形态上看，这分明是一条小型兽脚类恐龙的遗骸，但是在骨骼的周围有许多丝状结构，很像鸟的羽毛。他立刻意识到这可能是一个重大的发现——130 多年前，也就 19 世纪中叶，类似的化石标本在德国出现过，命名为始祖鸟。始祖鸟的出现让人们在恐龙与鸟类的关系上产生了无尽的遐想。"龙"变"凤"的故事也就由此在古生物学界传开来。鸟类起源于恐龙的学说是 19 世纪 70 年代，由英国古生物学家赫胥黎提出的。这是他根据恐龙骨骼与火鸡骨骼的比对得出的结论。可长期以来"龙"变"凤"的故事仍只是一个立足未稳的假说，原因是缺乏更多的化石证据。这块奇特化石的出现，似乎让这种传说变得更加真实了。这令季馆长喜上眉梢。

但是这位从事多年古生物研究的科学工作者凭借着敏锐的科学嗅觉立即发现了一个很严重的问题——按照化石的保存规律，还应该有一块与所购标本呈镜面对称的兄弟标本，古生物学上称为化石的正模与负模。这位北票农民带来的只是标本正负模中的一块，其孪生兄弟还在他手上。季馆长便与李玉民商定好，在他参加贵州的一个会议后就到其家里去取回，并激动地叮嘱他一定要留好，价格还可以高一些。季馆长在贵州的会议一结束马上乘飞机直奔沈阳，来到四合屯李玉民的家里，但是乘兴而来败兴而归——那块标本已经被李玉民以20万的价格卖出。从此，这对孪生兄弟标本便天各一方，而且谁也没有想到它们的"重逢"要等到14年以后的上海世博会。

回馆后，季强立即着手给标本命名——由于它具有原始鸟类的特征，并且是在中华大地上发现的，因而定名为"原始中华龙鸟"。他还在《中国地质》发表了相关文章，并举行了新闻发布会。接下来，科研小组又再接再厉将中华龙鸟的复原图绘制好，并进行了放射性同位素测年工作，最后在英国权威学术期刊《自然》（Nature）杂志上发表了后续的研究成果。

就在科研不断取得进展的同时，博物馆的布展工作也在紧锣密鼓地筹备之中。1996年9月，中华龙鸟的标本首次亮相于中国地质博物馆的史前生物厅，开展的第一个月就有25000多观众蜂拥而至，一睹它的真容。多位国际古生物学家也拿着自己的相关标本远道而来去和它做对比研究。

中华龙鸟 （郭克毅 摄）

当然，让季馆长和研究团队牵挂的还是那块不知去向的兄弟标本，此外对于标本产地的保护也是一个十分棘手的问题。就在中华龙鸟在中国地质博物馆正式展出的当月，季强向时任地质矿产部（现国土资源部）部长宋瑞祥提交了"关于尽快对原始中华龙鸟化石标本及其产地采取必要保护措施的紧急报告"。宋部长很快对季强的报告做出批示并将此事上报国务院。公安部随即向辽宁省公安厅下达命令立案侦查此事。经调查，证实中华龙鸟的"孪生兄弟"已落户中科院南京地质古生物研究所，这才使大家稍稍把心放下来。

然而，一波未平，一波又起，围绕在中华龙鸟身上的还有一个更大的谜题——它到底是"龙"还是"鸟"？ 中华龙鸟最吸引人的当属它类似羽毛的丝状结构，它们分布于标本的头后方、颈部、背部，以及尾巴的上下侧。丝状结构与身体之间有段空隔，一些科学家认为这空隔在生前由皮肤、肌肉组织组成。丝状结构呈现波浪般的整体外廓，显示其相当柔软。在显

中华龙鸟复原模型　（尹超 摄）

微镜下看，发现边缘较黑、内部较亮，表明它们是中空的，这种构造类似现代鸟类的羽毛。按照现代生物学的观点，具有羽毛的动物都应归于鸟纲，因而部分科学家最初认为中华龙鸟是早期的鸟类。但是古生物学的研究更注重整体的形态学与结构功能。中华龙鸟的头骨低而长，脑颅较小，有明显的眶后骨；牙齿侧扁呈刀状，边缘具有锯齿形的构造；腰带骨的耻骨粗壮并向前延伸；尾椎骨数超过50个。以上这些都是兽脚类恐龙的典型特征。故目前绝大多数学者倾向于将其定位于与鸟类进化有关的带羽毛的兽脚类恐龙，是从"龙"到"凤"的初始演化阶段，其恐龙的特征远远多于鸟类的特征。

虽然中华龙鸟最终被划归到"龙"的家族中，但是科学

界普遍认为从恐龙到鸟类演化的一个缺失的重要环节被找到，鸟类是由小型兽脚类恐龙进化而来的观点在中华龙鸟身上得到进一步证实。就像一位外国元首评价的那样："它的出现是20世纪自然科学史上的重大发现，是古生物学界的一场革命。"

在2010年上海世博会上，饱含着科学密码和艺术细胞的中华龙鸟正模和负模标本一起展现在公众面前，这是这对"双胞胎兄弟"时隔14年后的首次重逢。在人声鼎沸的辽宁馆里，它们依旧沉睡在石头上。然而它们却像一部无声的电影，把数以万计的参观者带到了亿万年前的辽西——在苍松翠柏之间，有一只披着羽毛的恐龙，它爬上一棵大树，仰望着头上的蓝天，纵情地鸣叫着。

小考据

对于小型的脊椎动物来讲，其化石可以在地层中以浮雕的形式保存。当沿着岩层层面将化石打开时，化石可以以镜面对称的方式呈现在其下伏岩层和上覆岩层的表面。其中有一面上保存有立体的骨骼和结构，整体呈现浮雕式外凸状，称为正模，而另一面保留凹下去的印痕，称为负模。当两块标本均有骨骼时，骨骼多的称为正模，骨骼少的称为负模。

北京猿人头盖骨模型
BEIJING YUANREN TOUGAIGU MOXING

尹超

在很多博物馆参观者眼中，复制品就是价格低廉、不值一看的代名词，但在中国地质博物馆史前生物厅中展出的一件复制品却弥足珍贵，它具有极高的科学研究价值；它是中国地质博物馆早期发展与变迁的见证；更为重要的是其原件的丢失曾轰动国内外，如今仍是一桩迷雾重重的历史悬案，它就是北京猿人头盖骨模型。

故事还要从 1921 年说起。那一年地质矿产陈列馆（现中国地质博物馆）刚刚走过 5 年的岁月，地点位于北京丰盛胡同 3 号，紧邻当时的中央地质调查所，时任馆长是来自瑞典的安特生。初夏时节，年轻的奥地利古生物学家师丹斯基来华协助安特生考察河南三趾马动物群。为了让师丹斯基尽快熟悉中国的工作环境，安特生邀请他去周口店一带进行考察和简单发掘。1926 年，师丹斯基在所发掘的周口店化石中，辨认出两颗古人类的牙齿，从此揭开了周口店古人类考古发掘的序幕。周口店的系统发掘从 1927 年开始，整个计划由北京协和医院解剖学主任步达生制定。1929 年 12 月 2 日是一个寒风瑟瑟但却激情似火的冬日，第一件北京猿人头盖骨在裴文中率领的发掘队手中重见天日，次年又出土了第二个头盖骨。1935 年，周口店的发掘工作改由贾兰坡和卞美年共同主持，1936 年又出土了 3 个北京猿人头盖骨。至此，周口店地区发掘出的较完整的北京猿人头盖骨已经达到 5 个。

通过对北京猿人头盖骨的研究，我们可以基本还原生活在北京地区的最古老的人类的相貌，可以穿越时空了解他们的生活。北京猿人的全名是直立人北京种，他们的脑容量是现代人的 75%，比类人猿大 1 倍以上。但他们的外貌还有点像猿：嘴巴向前伸着，没有下颏，鼻子扁平，颧骨高突，两个粗大的眉骨连在一起，像屋檐一样遮在双眼上。将北京猿人的头部特征和现代中国人比较，发现二者没有进化上的亲缘关系，也就是说北京猿人不是现代中国人的直接祖先。

后来，随着同位素测年、孢粉与古气候研究、古地磁研究等技术的成熟，对于北京猿人的生活环境和生活状况的研究也不断深入，当时他们从居住地附近的河滩、山坡上挑选石英、燧石、砂岩石块 ，采取以石击石的方法打制出刮削器、钻具 、尖状器、雕刻器和砍斫器等工具，用来满足肢解猎物、削制木矛、砍柴取暖、挖掘块根等种种需要。北京人会用火，成堆的灰烬说明当时已能很好地管理火，这大大提高了他们适应环境的能力。科学家根据出土的动物和植物化石，得知昔日周口店一带森林茂密、水草丰盛，气候一度比今日华北温暖。随着全球性的气候波动，这里在几十万年间也曾发生冷暖、干湿的频繁交替。但是由于猿人洞逐渐垮塌填满，失去了居住条件，在距今约 23 万年前北京猿人最终离开故土，迁居他乡。

如果说北京猿人头盖骨的发现是一个震惊世界的传奇故事，那么头盖骨复制模型则是将这个传奇故事续写的诗篇。在其背后还有着另一段值得骄傲的故事。

据当事的亲历者，我国著名古生物学家胡承志先生回忆。当前两个头盖骨发掘出来后，国内外的学者便开始了复制模型的工作。由于我们的技术水平比较落后。这两个头盖骨都由外国专家复制，使用石膏材料按照 1:1 的比例制作，每个头盖骨都复制了几个模型，但总体数量不多。第一个头盖骨模型由英国人德蒙亲手复制，还将其中的一个模型带到国际学术会议上展示，轰动了当时的学术界；第二个头盖骨破损严重，由德国专家复制，目前其中的一个模型保存在中国科学院古脊椎与古人类研究所。

北京猿人头盖骨复制品 （郭克毅 摄）

从 1927 至 1937 年的十年里，在外国专家的指导和帮助下，周口店迎来了周口店发掘史上的黄金时代。但前两个头盖骨的模型都由外国人制作，其学术成果被外国人占有，这也成为国内地质学家们永远的痛。1936 年，在第三、第四和第五个头盖骨出土后，在胡承志的牵头下，我国科学家开始着手自己复制。第三个头盖骨的复制可谓异常艰难。胡老和他的同事完全从零开始，花费了好几个月进行研究和实验，突破一道道技术难题，并且开创了国内复制头骨内部结构的先河。之后第四和第五个头骨的复制就变得轻而易举了。

那时，地质陈列馆也处于建馆后的第一个黄金发展阶段，1928 年，中央地质调查所迁入兵马司胡同 9 号，丰盛胡同 3 号均归陈列馆之用。1932 年，陈列馆面积扩充到 1000 平方米。周口店发现的古人类遗迹在这里集中得以展示。当时陈列馆专门开设了周口店猿人遗址展厅，展厅里不仅有北京人头盖骨的复原模型，还有大量的石器和用火的遗迹。这不仅向世界证明了我国科学家的水平，也为处于动乱年代的地质陈列馆喜添了新的展品。

然而好景不长，1937 年抗日战争全面爆发，地质陈列馆也进入了南迁北守的动荡岁月。就在这个时期，北京猿人头盖骨真品在辗转运往国外保存的途中不慎丢失，至今仍是一桩历史悬案。

在往国外转移之前，北京人头盖骨真品一直保存在北京协和医院。1940 年 12 月 26 日，日军占领了北平，美日战事一触即发。"头盖骨"若继续留在北平很不安全。 1941 年 1 月 10 日，翁文灏和尹赞勋致信给协和医学院院长胡顿、新生代研究室名誉主任魏敦瑞，"鉴于美日关系日趋紧张，美国正与中国站在一条战线共同抗日，我们不得不考虑在北平新生代研究室的科学标本安全问题。我们准备同意将它们用船运往美国，委托某个学术研究机关在中国抗战期间替我们暂为保管。"1941 年 11 月，经翁文灏的一再协调，最后又经过蒋介石点头，重庆国民党政府才明确表态，允诺"头盖骨"出境。在翁文灏的一再恳请和调停下，美国方面终于同意了头盖骨由领事馆安排、由美国人带出中国，暂存纽约的美国自然历史博物馆。"头盖骨"转移行动按计划开始，由美国海军陆战队护卫，乘北平到秦皇岛的专列到达秦皇岛港，在那里登船，船名"哈德逊总统号"。12 月 8 日上午，列车抵达秦皇岛。此时，日本对美国珍珠港的空袭已经开始，随即，驻在秦皇岛山海关一带的日军突然行动袭击美军，北京猿人的头盖骨真品也就不知去向。关于这批化石的下落，目前有

北京人使用的灰烬 （郭克毅 摄）

多种说法，大致可以分成三类：一是化石已经成为日军的战利品，目前仍掌握在日本人手中，或者已经毁于战火；二是化石转载在日军的军舰"阿波丸"号或"里斯本丸"号上，在途中遭袭沉船，北京人头盖骨也随军舰石沉大海；三是由于战局危机，化石在运往秦皇岛之前被美军秘密埋藏于国内的某个地方，有可能是在北京日坛公园，也有可能在天津的美军兵营。

此次丢失的化石中，除了5个完整的北京猿人头盖骨外，还有山顶洞人头盖骨3个；北京人头盖骨碎片数十片；北京人牙齿近百颗；北京人的残下颌骨13件；北京人的上锁骨1件；北京人的上腕骨1件；北京人的上鼻骨1件；山顶洞人盆骨7件；山顶洞人肩胛骨3件；山顶洞人膝盖骨3件，硕猴头骨化石2件；硕猴下颌骨化石5件；硕猴残上颌骨化石3件；硕猴头骨化石残片1小盒；山顶洞人下颌骨4件，以及大量其他珍贵的哺乳动物化石。

新中国成立后，国家再次组织对周口店猿人遗址进行发掘工作。1966 年发现了一块北京猿人头盖骨碎片，与另外 2 块幸存下来的分别发现于 1934 年和 1936 年的头骨碎片同属于一个个体。最后，这三块残存的碎片拼成了一个不完整的头颅，这就是北京猿人第 6 号头盖骨——目前国内唯一仅存的真品。

由于前 5 个头盖骨原件的丢失，曾经在地质陈列馆展出、并在战火中幸存的复制模型就替代了真品，在科研和科普教育中发挥着重要的作用。除了第二个破损严重的头骨外，第一、第三、第四和第五个头盖骨的模型都在陈列馆有保存。可以说地质陈列馆是头盖骨模型保存最全的博物馆之一。1958 年地质陈列馆搬入西四新建的大楼，并更名为"地质部地质博物馆"。这四个头盖骨模型也先后与观众再次见面。目前在史前生物厅展出的是 1929 年 12 月发现的 1 号头盖骨的模型。它就像是一部穿越时空的电影，不仅把观众带到几十万年前那个茹毛饮血的艰苦岁月，还把近代我国科学家探索与奋斗的故事娓娓道来。

来自西南远祖的遗物
——元谋人牙齿

LAIZI XINAN YUANZU DE YIWU—YUANMOUREN YACHI

谭锴

在中国地质博物馆的史前生物厅，有一对不起眼的化石标本——比起高大的恐龙骨架，它们太小太小了；比起5亿多年前的三叶虫，它的时代太近太近了。但是它们却格外珍贵，因为它们是研究古人类演化和发展的重要材料，它们的产地有一个悠久的传说，它们的发现和发掘过程又是一个生动的关于中外科学家合作与研究的故事。它们便是中国境内最早的古人类的遗物——两颗元谋人的牙齿。

要了解元谋人牙齿，我们先来了解元谋人的生物分类位置。在我国境内发现的大多数早期古人类都属于直立人。直立人是距今180万至20万年生活在非洲、欧洲和亚洲的古人类。一般认为他们起源于非洲，然后向亚洲和欧洲扩散。直立人能够制造使用工具、用火，甚至狩猎。早期类型包括了印度尼西亚的莫佐克托猿人、非洲的开普人、我国陕西的蓝田人等；晚期类型包括周口店的北京人、坦桑尼亚的舍利人、德国的海德堡人、阿尔及利亚和摩洛哥的毛里坦人。元谋人是早期类型直立人代表，反映了从纤细类型南方古猿向直立人过渡的特点。

元谋人牙齿产地为云南省元谋县城东上那蚌村的一处叫"十龙口"的地方。传说龙王有十个孩子，都要受玉皇大帝指派的各路仙人教化而托胎转世为凡间天子，这十龙口便是这十条天子之龙的孕化之地。当然在封建社会，全国各地都有类似的地点，都是历代皇帝登基必占卜参拜之地。不过，这里被称之为"十龙口"，除了其风水原因，最重要的是因为这片地层所属的元谋组中含有大量的第四纪哺乳动物化石。当时的村民发现了这些大型骨骼石化之后，便认为它们是传说中的龙的骨骸，因此这里便被叫作"十龙口"。

作为"十龙口"的最具代表性的化石——元谋人牙齿，到底是什么模样才能让它们如此为世人看重呢？元谋人牙齿化石为一左一右两颗上内侧门齿，可能属于男性青年个体。牙齿很粗壮，呈铲形，保存为浅灰白色，石化程度甚深，唇面比较平坦，舌面相对复杂。牙齿上有裂纹多处，裂纹

元谋人牙齿　　（郭克毅　摄）

为褐色土所填充。这么珍贵的标本，其发现可以说是"踏破铁鞋无觅处，得来全不费工夫"。然而其后的研究和被世界承认的过程就十分曲折了。

1903 年，日本学者横山又次郎所著的《生物地学纲要》中最早提到元谋的哺乳动物化石。这篇文章就导致了 1926 年冬至 1927 年初美国自然博物馆的中亚考察队到云南考察。考察队中的格兰阶先生在元谋盆地东侧马街南十里地处发现马、

大象、犀牛等哺乳动物骨骼化石，根据化石把这个动物群及化石产出地层时代放在早更新世，并推测此处有可能保留有早期人类化石的遗骸。在之后的近四十年里，国内外许多著名的地质学家、古生物学家如纳尔逊、格兰阶、克勒特纳、卞美年、柯尔伯特、胡承志、裴文中、邱占祥、周明镇等多次对元谋盆地及元谋组地层进行过考察研究，并在元谋发现了冰川遗迹，经测定认定为华南唯一有代表性的更新世初期地层。考察过程中还发现了众多化石点。这一地层被称之为"马街马化石层"。但可惜的是一直没有预期中的古人类化石的发现。

直到 1965 年 4 月初，为了调查云南元谋的第四系，中国地质科学院地质研究所的钱方、赵国光、浦庆余和王德山四位研究员前往云南元谋县城，在上那蚌村一带附近进行踏勘和调查访问。5 月 1 日，他们一行四人来到村西北边龙川江的一条支沟的上游。当时他们分头在被古江水冲得支离破碎的小土包上搜索化石。因为雨水的冲刷，很多化石被残留在了坡上，很轻松就可以采集到一些破碎的哺乳类牙齿和肢骨化石。大约下午 5 点左右时，钱方在一个高 4 米的元谋组组成的褐色土包下部发现了几颗云南马牙化石，它们半露出地表。当他挖掘云南马牙化石时，发现在马牙旁边还有一些化石被埋在土中，表面只露出一些痕迹，就用地质锤的尖端，缓慢仔细地进行挖掘。突然钱方眼睛一亮，一颗牙齿化石的齿冠半露在地表，虽然牙根还是埋在土中，但是其形状、颜色和齿痕仍可以看出很可能是原始人类或猿类的门齿。在其相距十几厘米处，还有另一颗类似的牙齿被埋藏于土中。粗略鉴定，两颗牙齿应该是同一个个体的。

之后化石被带回北京，他们向黄汲清教授汇报了这次发现，并通过程政武同志送交地质博物馆。经专家胡承志研究员鉴定，为同一个体的一左一右上中门齿，形态特征接近北京人同类门齿，定为一直立人新亚种。

这项发现引起了国内外学术界的广泛关注，但作为半机密消息直到 1972 年 2 月 22 日在美国总统尼克松访华的特殊日子里，新华社才首次向全世界发布了发现"元谋人"这一重大新闻，《人民日报》报道："这是继中国北方发现的北京猿人和蓝田猿人之后的又一重要发现，对进一步研究古人类和中国西南地区第四纪地质，具有重要的科学价值。"

化石发现了，但是其年代资料却不甚完整。于是钱方和浦庆余二人会同元真心、张兴永和姜础于 1973 年 4 月又不辞辛苦地回到化石发掘现场，经过回忆和用照片核对，找到了八年前发现元谋人牙齿化石的地点，并采取了 46 块古地磁样品。据伴生动物泥河湾剑齿虎、桑氏缟鬣狗、云南马、爪蹄兽、中国犀、山西轴鹿等的研究确认，其时期属于更新世初期（旧石器时代早期），同时在元谋组下部发现了龙川冰期的冰川－冰水堆积物，更进一步确定了元谋人的时期。当然这次元谋之行还有意外的收获。10 月，中国科学院古脊椎动物与古人类研究所、云南省博物馆、元谋县文化馆等单位组织了对元谋人化石产地进行大规模的发掘工作时，不仅在褐色粘土层中找到了动物残骸和旧石器，证明了元谋人会制作和使用工具，而且还在同一地层中发现了大量炭屑，它们多掺杂于粘土和粉砂质粘土中，少量夹杂在砾石透镜体内，并且炭屑总是伴着动物化石出现。这是偶然出现的还是说明元谋人已经会利用火烹饪动物了呢？

这个问题困扰着古人类学家们直到 1975 年。他们在元谋采集的粘土中找到了两块黑色动物肢骨碎片，经贵阳地球化学研究所鉴定，可能是烧骨，这点就能够证明元谋人化石层里找到的可能不仅是中国古人类更是世界古人类用火的最早证明。并且在那年春天，在"纪念恩格斯《劳动在从猿到人转变过程中的作用》写作一百周年报告会"上，钱方、马醒华代表中国地质科学院地质力学研究所宣布：用古地磁方法测出元谋人年代约为 170 万年；程国良代表地质研究所宣布：用同样方法测出元谋人生存年代为 163 ~ 164 万年；刘东生代表贵阳地球化学研究所发言：该所测出元谋人生存年代数据和上述单位结果基本相同，比北京猿人早了 120 万年左右，为中国最早的直立人化石。

"元谋人"作为中国人类历史的开篇被写入中国历史教科书首页。经过多方努力，终于在 1982 年 2 月，国务院公布元谋人遗址为第二批国家级重点文物保护单位。元谋人牙齿是亚洲大陆发现最早的古人类化石。从元谋地区第一块动物化石的发现到元谋人遗址被认定为第二批国家级重点文物保护单位，经过了半个多世纪，可见一项重大的发现往往越来之不易，其价值就越非比寻常。元谋人牙齿不仅当之无愧是中国地质博物馆的举足轻重的展品，更是我国乃至全世界珍贵的历史文化遗产。

┃小考据┃

人科（Hominidae）作为哺乳动物门灵长目中的一个科，包括了南方古猿亚科和人亚科两个亚科。南方古猿亚科包括了南方古猿及其相似的属种。人亚科就包括了人属，像我们平时说的能人、直立人、尼安德特人、海德堡人、智人等都是作为人属中的种，而现在的黑种人、白种人等则一般作为人种中的亚种。

小小精灵蛋中藏
XIAOXIAO JINGLING DANZHONGCANG

郭昱

当我们在博物馆仰望那高大的恐龙骨骼时，我们很难想象在襁褓中的恐龙婴儿却是那样娇小可爱。2011年，中国地质博物馆就意外喜获了一件展示恐龙宝宝即将破壳而出那一精彩瞬间的化石精品——一窝带胚胎恐龙蛋。它不仅给我们描述了亿万年前一个生动而凄美的画面，也给我们讲述了一段"游子回乡"的感人故事。

这组恐龙蛋有19枚，其独特之处是含有未孵化的胚胎。初看上去，19个小精灵躺在一枚枚椭圆形的小房子中，样子煞是可爱。有的恐龙宝宝两支小腿蜷缩着，小爪子也捂在胸口，勾着头，像是躺在摇篮里酣睡，都不忍心把它叫醒，又像是躲在屋子的一个角落里玩躲猫猫的小朋友，小手捂着眼睛不想让人看到。有的则全身都

带胚胎的恐龙蛋窝
（郭克毅 摄）

舒展开来，昂起头，就像快要破壳而出的样子。让人惋惜的是，这些小宝宝都未能如期出世，在它们都初具雏形的时候，便被风沙或泥石流卷来的红土所埋没，直至今日被发掘出来，展示在世人面前。

这些小精灵们的故乡是我国江西省赣南地区，它们属于窃蛋龙类。在赣南附近地区，目前报道出来的窃蛋龙类有两种，一种是黄氏河源龙，产自广东省北部河源市晚白垩世地层，是中国发现的第一种窃蛋龙科的恐龙；另外一种是斑嵴龙，发现于江西省南部赣州市晚白垩世末期南雄组地层。从发现的地点和地层上看，斑嵴龙与该组恐龙蛋更为吻合，因此这些恐龙蛋是斑嵴龙蛋的可能性较高。

不仅恐龙宝宝的早早夭折令人惋惜不已，更令人痛心的是这窝来自中国的恐龙蛋进入公众的视野，首次受到其关注，是在美国的一场拍卖会上——2006年12月3日，美国宝龙—巴特菲尔德拍卖公司在洛杉矶组织的一次公开拍卖上，并以42万美元的价格成交，远远高于拍卖前专业人士估计的18万至22万美元。

消息一传出，便引起了中国政府的高度重视。时任国务院总理温家宝立即批示："要想方设法追缴流失化石，并采取有力措施加强对珍贵古生物化石的保护。"

这场化石追缴战完全可以用一对反义词来形容——"迅速"和"漫长"。

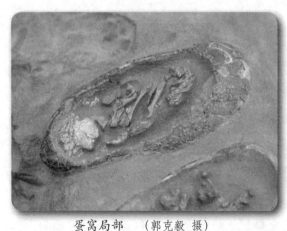

蛋窝局部　（郭克毅 摄）

2006 年 12 月 10 日，也就在拍卖后的 7 天，国务院召开专门会议，研究追缴流失美国的"恐龙蛋窝"化石及加强古生物化石保护工作。当月 12 日，外交部发言人在例行记者会上正式就对流失美国的"恐龙蛋窝"化石对外表达了中国政府的立场："我们对有关报道极为关切。中国有关部门正在对此事进行调查。如果调查结果证明这枚恐龙蛋窝化石的原主国是中国，中国政府将根据有关国际公约的规定提出追讨该恐龙蛋窝化石的要求。"这也是中国政府首次通过外交途径追索流失国外的古生物化石。

中国从政府层面发出的坚定声音已经让国内外媒体大为惊叹。然而，人们不禁提出了同一个疑问：这窝已被拍卖的珍贵化石能够被追回吗？但接下来我国政府官员和学者的工作效率更是让外国媒体目瞪口呆。首先就是调查取证的四大战役同时打响：外交部负责对化石拍卖情况、化石出让者和取得者资料以及化石原产地等国外情况调查研究；国土资源部和来自国内多名古生物学者冒着冬日的凛冽寒风一次次地赶赴化石的"老家"——江西赣州野外考察、取样，并夜以继日地送回实验室中化验；公安部抓紧在化石原产地开展流失化石的盗挖、走私等取证调查工作；外交部、国土资源部还会同相关部门研究了解美国联邦和加州与拍卖化石相关的法律法规，研究国内外有关追缴化石的法律法规、公约、协议等，提出实施追缴的法律法规依据。接下来，就是制定具体追缴方案，明确追缴的法规依据、具体的途径手段和各部门的工作任务，并启动化石国外追缴程序。上述工作的完成耗时才短短的三个月。

就在中方为追回化石积极备战的同时，大洋彼岸的美方也密切关注着拍卖"恐龙蛋窝"化石事件。特别是自 2006 年 12 月收到我驻美使馆关于协助调查流失美国的"恐龙蛋窝"化石有关情况的通报后，美联邦调查局、洛杉矶警察局均表示愿提供协助，"只要中方提供确凿证据，证明该'恐龙蛋窝'化石确系原产于中国并走私到美国后，联邦调查局便可立案侦查"。 2007 年 2 月 9 日，美国国土安全部海关边防局正式没收了该恐龙蛋窝化石，并派移民与海关执法局驻香港联络官赴台湾与化石出口商面谈，以查清来源。同时，美方欢迎中方派专家组赴洛杉矶勘查该化石，并积极与我方磋商归还程序。4 月 2 日，美移民与海关执法局国际合作负责官员向我驻美使馆警务联络处提供了美古生物学专家廷纳博士对"恐龙蛋窝"化石的检测报告。在报告中，廷纳除出具了对"恐龙蛋窝"的鉴定意见外，还明确表示，自 20 世纪 20 年代末开始，中国就已禁止恐龙蛋化石出口，因此，该化石系非法进出口。此检测报告为证实化石产地为中国及非法出境提供了有力证据，大大有利于将这一"恐龙蛋窝"化石归还中国。

可以说，在恐龙蛋窝被拍卖后的半年里，在我国政府部门的不懈努力和美方的积极配合下，这窝恐龙蛋回家之旅出现了曙光。这种办事速度在以往类似的文物案例中是极为少见的。但是上天似乎和人们开了一个不小的玩笑，就在人们认为恐龙蛋窝回归已经是指日可待的时候，化石持有者也就是化石拍卖的委托人，也向美海关边防局提交了拥有该化石权利的书面申请。这意味着，按照美国的有关法律规定，对该化石拥有权的问题将通过司法仲裁来解决。只有当司法程序结束后，才能转入归还程序。而谁也没有想到，这个司法程序一走就是四年多的时间。

当然，四年的等待终于盼来了期待中的结果。2011 年
12 月 1 日，恐龙蛋窝的交接仪式正式在美国洛杉矶举行。在
频繁的闪光灯下，这窝恐龙似乎恢复了以前的生机，变得异
常光彩夺目，小恐龙好像马上要破壳而出了。当然在闪光灯
下的还有中美双方代表那灿烂的笑容和历史性的又一次握手
——从此中美联合打击化石走私的序幕就此拉开。

2012 年 3 月，国家古生物化石专家委员会组织专家对恐
龙蛋窝进行鉴定，虽然鉴定的结果略有些遗憾——这是拼凑
而成的一组恐龙蛋，而并非完整的一窝。但它就像一盏明灯，
照亮了千千万万流失海外的珍贵化石的回家之路。

小考据

窃蛋龙类，又名偷蛋龙类，是一群生活于 6500 万年前的白垩纪亚
洲与北美洲大陆的恐龙，大部分种类体型都较小，如最小的尾羽龙，个
头与火鸡差不多，但最大的巨盗龙体长可达 8 米，体重 1.4 吨，在这个
中小型恐龙到处跑的家族中，算典型的巨无霸了。窃蛋龙从其名称上看，
字面意思是偷蛋的恐龙，实际上这是个误会，最早在 20 世纪 20 年代发
现的窃蛋龙标本位于一群恐龙蛋的上方，而这些恐龙蛋当时被认为是另
一种恐龙——原角龙的蛋。

古鸟研究树灯塔
——孔子鸟

GUNIAO YANJIU SHU DENGTA—KONGZINIAO

郭昱

　　孔子是我国儒家学派的创始人，他一直被视为中国古代文化与哲学的一座灯塔，如今已成为中国传统文化的代名词。而在中国地质博物馆的史前生物厅里，有这样一件古鸟化石标本，它的发现被加拿大著名的古生物学家 Richard.C.Fox 称为是"中生代原始鸟类研究的灯塔"，这便是孔子鸟——来自中国的"始祖鸟"。我们通过它可以走近远古生灵，去欣赏史前生命的精彩。时间要推溯到 1994 年春，鱼类学家金帆收到建昌县一位退休干部的信，信中说在北票发现了鸟化石。于是金帆和侯连海、李传夔一起赶赴建昌。好不容易找到老干部的家，但家中无人，邻居说他有病住院了。三位古生物学家赶到医院，虽然见到了那位退休干部，但是他们得知化石已经被锦州歌舞团的张和拿走了。当三位古生物学家又风尘仆仆地赶到锦州时，一个重大的发现已经在等待他们。在张和的家里，侯连海等人看到一块产自尖山沟的不太完整的奇特动物化石——前肢与德国的始祖鸟很相似，三个掌骨和三个指骨明显分离，第一指骨还

No. 73

圣贤孔子鸟　（郭克毅　摄）

有强大的爪。此外它的头骨十分原始，各个骨块厚但不愈合，吻部比较粗壮——显然这是一具古鸟的遗骸。据张和讲是从一位北票四合屯的农民手里拿到的。后来经过一番商议后，张和就让侯连海等将这块化石带到北京去研究。回到北京后，侯连海很快组织考察队前往尖山沟地区，又从农民手中收到几块羽毛化石，伴随着收集和发掘工作的开展，仅一年多时间就获得了 56 块原始鸟类的化石标本。

接下来的工作就是给这种新发现的鸟定名，并尽快在国际学术刊物上发表研究报告。在国际动物命名法则中有这样几种命名新物种的法则：一是依据物种独特构造特征命名；二是依据人名来命名，如化石的发现者，重要的历史人物和现代对科学有重大贡献的科学家等；三是依据新物种所出产的地区命名。国内学者普遍认为，这种新鸟化石的发现打破了始祖鸟一百多年来作为鸟类祖先的统治地位，在探索鸟类起源和早期

孔子鸟复原图

演化中有重要意义，它已经超出了辽宁地区的范围，成为中国古生物研究的一个新的里程碑。经过反复思考，并征求国内外学者的意见，认为其名称中应有中国文化的符号，并具有广泛的知名度和影响力。而春秋时期的大思想家、教育家孔子恰恰符合这一特征，因此最终定名为"圣贤孔子鸟"。这一命名受到当时国家领导人、国内许多知名学者和公众的广泛称赞。

1995 年，第一块辽西孔子鸟标本研究的报告先后在我国重要的学术刊物《科学通报》和英国顶尖的学术刊物《自然》（Nature）

上发表，当年还被美国 Discovery 评为 1995 年度全球 100 项重大科技新闻之一。此后数年当地的老百姓接连收集了数百枚孔子鸟的化石标本，仅山东天宇自然博物馆 2010 年当年就收藏了 500 多件孔子鸟，如此规模的孔子鸟标本，足可见早白垩世辽西地区这种鸟类的繁盛程度。孔子鸟由于标本量颇多，对其研究也不少，先后命名了 6 个种——圣贤孔子鸟、杜氏孔子鸟、川州孔子鸟、孙氏孔子鸟、费氏孔子鸟和建昌孔子鸟，其中川州孔子鸟和孙氏孔子鸟，根据 Luis M. Chiappe 于 1999 年出版的研究报告显示，它们与圣贤孔子鸟所谓的种间差别是不存在的，因此两属种名构成同物异名而遭废弃。

当然，科学家们最关心的问题还是孔子鸟在鸟类演化树上的位置，它与一个多世纪前现身德国的始祖鸟有怎样的演化关系，它是否是现代鸟类的祖先，等等。目前，普遍认同的结论是把孔子鸟类列为一个鸟纲当中的一个单独的目，与始祖鸟和今天的鸟类具有平行的演化关系，也就是说孔子鸟既不是时代更早的始祖鸟的后代，也不是今天鸟类的直接祖先，它只是鸟类早期演化中来去匆匆的过客。

在科学界为孔子鸟的分类位置还在争论的时候，公众关心的则是另一些问题：孔子鸟长得什么样子，它会飞吗，它是如何生活的？解答这些问题，还要从它的身体结构讲起。化石告诉我们，孔子鸟体型大小似鸽子，体表披着漂亮的羽毛，雄性孔子鸟有两根非常长的尾羽，雌性没有——这也是首次在古鸟类身上发现雌雄差异化的体表结构。与更古老的始祖鸟相比，孔子鸟已有不少进步的特点，比如尾部的一系列尾椎骨已开始愈合形成尾综骨，胸骨形成一扁平突起，已具备龙骨突的雏形，口内无牙齿，是世界上发现最早的具有角质

喙的鸟类。但孔子鸟相对中生代后期鸟类以及今天的鸟类，仍然具有许多原始特征：尾综骨未完

圣贤孔子鸟　（郭克毅 摄）

全形成，龙骨突不明显，头骨后部保留爬行动物祖先的双颞窝结构，前肢仍保留非常明显的指爪等。由于孔子鸟在龙骨突以及前肢比例等身体的飞行结构方面，优于始祖鸟，表明它有较好的飞行能力。对于始祖鸟的飞行能力，目前科学家们普遍认为始祖鸟仅能滑翔，而孔子鸟的骨骼结构则清楚表明其已能振翅飞翔，但它与中生代后期的鸟类相比，飞行能力仍有较大差距，至少无法长时间长距离地飞行。此外，大量集中保存且十分精美的孔子鸟化石向我们暗示了这种鸟类很可能是群居的，并且是由于火山喷出的毒气和粉尘导致它们集体窒息而亡，最后掉入湖中被淤泥和火山灰迅速掩埋。

孔子鸟生活的时代代表了中生代鸟类早期演化的黄金年代，此后各式各样的鸟儿先后飞上天空，给蔚蓝的背景画上了灵动的色彩，变成了我们今天五彩斑斓的世界。人类与鸟类皆源于自然，共同生活在地球家园，人类作为地球花园的园丁，应该呵护园中的鸟儿，让清晨温暖的阳光与鸟儿清脆的笑声伴随我们的每一天。

不该被遗忘的巨型禄丰龙

BUGAI BEI YIWANG DE JUXING LUFENGLONG

高源

"如果说我比别人看得更远，那是因为我站在巨人的肩膀上。"这是近代伟大的科学家牛顿说过的一句名言。这也是目前中国恐龙研究和科普工作在世界上所取得地位的真实写照。中国的恐龙发现要比西方国家晚 80 年，而恐龙研究的起步要比西方晚了一个多世纪。然而今天，中国已经成为拥有恐龙种类最多的国家，中国的恐龙学家在国际学术界也赫赫有名。这些成绩的背后，我们不能忘记曾经有一个"巨人"支撑起中国恐龙研究的高楼大厦，他就是我国恐龙研究的奠基人——杨钟健。正是他组织发掘研究和组装了第一条真正属于中国人的恐龙骨架，而本文中的主角，中国恐龙家族中的小巨人——巨型禄丰龙，也是他发现并命名的。

那是 20 世纪 30 ～ 40 年代，抗日战争的硝烟还在全国弥漫，但在西南边陲的云南禄丰县却是一片相对不受打扰的世外桃源。杨钟健先生率领他的弟子独立挖掘、命名、研究、装架了被誉为"中华第一龙"的许氏禄丰龙。如今这种恐龙俨然成为国内各大博物馆的明星。但您知道吗？在与许氏禄丰龙同时发掘的地层中，还有一种体型比它大三倍的恐龙。但因为当时发现的化石较少、研究不充分而逐渐被人们遗忘。这个"大家伙"就是现在陈列于中国地质博物馆三层中厅的巨型禄丰龙。

现在展出的这具巨型禄丰龙，形态优美，耐人寻味。纤细的脖子向前弯曲，小巧的脑袋似乎正在注视着远处的动静。鞭子一样的尾巴高高翘起，这种气势想必让那些想把它当作盘中餐的食肉恐龙不寒而栗。仔细观察还会发现部分恐龙化石上标记着许多"白点"——这些标记着"白点"骨骼才是真正的恐龙化石，没有标记的则是后来科学家经过复原制作的模型。

巨型禄丰龙的家乡在云南省中北部的禄丰县，这是我国著名的恐龙之乡。1947 年，经过六年多的探索与研究，杨钟健在上一批发掘的许氏禄丰龙的化石中辨认出一个新种，但是当时没有及时命名，这个新种也就被人遗忘了。

1957 年，胡承志先生带领西南工作队在云南省进行科学考察。当他抵达禄丰县棠海乡时，发现被红土层覆盖的很多古生物化石风化严重，就暴露在地表。凭着胡老敏锐的科学嗅觉，他决定立即在此开展采集化石标本的工作。

这次发掘的结果虽然不像胡老刚刚在贵州兴义的发现那样令人激动。但是当他将这批零散的化石交给我国恐龙学研究的巨匠——杨钟健时，意外的收获接踵而来。

杨先生对这批恐龙化石标本进行了细致的研究。根据标本的部分肢骨和一个带有几个牙齿的上颌骨以及一些零星牙齿的特征，如上颌骨较高，牙齿较长、牙根较短、牙扁平而尖，向后弯曲，前后缘都有细小的锯齿等特征，他认为这是一个肉食龙的新种，初定名为三叠中国龙（*Sinosaurus triassicus*）。后因其腰带部分骨骼接近于板龙科，杨钟健先生将其更名为"巨型禄丰龙"，因其较大一些，应在拉丁学名前加"cf"表示相似之意。这样才把这个大家伙定了名。

鉴定结束后，中国地质博物馆科研人员费了很大的周折才把这珍贵的巨型禄丰龙运回北京。但由于博物馆展出空间有限，这个已经在地层中沉睡了近2亿年的"巨人"一直无法"站起来"与观众见面，只能在地下库房继续沉睡，而这一睡又将近半个世纪。2004年，博物馆翻新修缮时才装架展出至今。

巨型禄丰龙

当然，对于巨型禄丰龙的研究中也伴随着争论。比如后来，我国另一位著名恐龙专家董枝明教授（杨钟健的弟子，是世界上目前发现恐龙种属数最多的科学家）又对巨型禄丰龙化石进行了研究，认为巨型禄丰龙与许氏禄丰龙是同一个种。只是因为年龄的不同而体型不同，还把这个观点编著在《禄丰恐龙》一书中。当然也有的学者，包括一些国际专家还是支持杨钟健的观点，认为巨型禄丰龙是独立的属种。由于巨型禄丰龙发现的化石非常少，研究的学者也不多。所以关于巨型禄丰龙的分类问题，还有待更多化石的发现及更深入系统的研究。古生物学就是在不断的论证和修正中，逐渐发展壮大去揭示地球生命历史中更多的谜团。

虽然对于这个史前巨人的身份还有待确定，但经过几十年的研究，我们可以对这个生活在两亿年前的庞然大物有一个相对清晰的认识——巨型禄丰龙属于原蜥脚类恐龙，生活在早侏罗世。在恐龙分类上属于蜥臀目、原蜥脚次亚目、板龙科、禄丰龙属的一种。巨型禄丰龙具有细小的头颅和相当长的颈，前肢短小后肢粗壮，能以两腿直立行走。尾巴粗大，可于奔跑时起平衡作用。它是植食性恐龙，牙齿小而扁平外缘有粗锯齿，能把树叶切碎。锐利的指爪可将树叶抓下或用来防御敌人。巨型禄丰龙的脊椎骨和肢骨更加粗壮，体形要比许氏禄丰龙大三倍。其身躯硕大，在禄丰发现的恐龙化石中，确实是个庞然大物。

巨型禄丰龙的发现至今已有 69 年的历史，但是目前国内发现的化石并不多，而展出的相对完整的巨型禄丰龙骨架更是凤毛麟角。据不完全统计，目前只有中国地质博物馆、天津自然博物馆、云南世界恐龙谷和香港科技馆展出巨型禄丰龙的骨架。

今天，当我们漫步在中国地质博物馆的展厅，凝望着这只史前巨兽的骨架，去和那沉睡近两亿年的"巨人"对话的时候，我们不能够遗忘，在七八十年前那个兵荒马乱的年代，是他们，踏遍祖国的山水，挖掘出成千上万的史前巨兽的遗骸，还用那宽大的肩膀让今天的中国恐龙学者站得更高，望得更远。

巨型山东龙

JUXING SHANDONGLONG

高源

在中国地质博物馆众多的国宝级展品中，有一件展品从来不曾被人遗忘，它不仅见证了地质博物馆曾经的辉煌和百年的发展，而且使每一个地质博物馆人激动自豪，也激励每个地质博物馆人继往开来再创辉煌！那便是编号为GMV1780展品，至今仍稳坐世界最大鸭嘴龙宝座的巨型山东龙。它像是一位身材巨大的使者，带领我们穿越遥远的时

巨型山东龙

空去看看几千万年前那个迷失的世界，并曾作为中国地质博物馆的著名馆藏走进了国内外知名博物馆的殿堂。

这件巨型山东龙 (*Shantungosaurus giganteus*) 高 8 米，长 15 米，是鸟脚类恐龙、鸭嘴龙科、山东龙属的一个种。鸭嘴龙可是一类了不起的恐龙，它们之中有 1902 年在黑龙江畔嘉荫县发现的满洲龙，有头上长"管子"，相貌奇特的棘鼻青岛龙，见证了我国恐龙学从无到有、发展壮大的艰辛历程。当然，从时代上看，鸭嘴龙可是恐龙家族中的晚辈，它们生存到了恐龙时代的最后一刻。

巨型山东龙头顶部光平无顶饰，是平头鸭嘴龙的代表。形态特点是嘴宽而扁，有 60 ～ 63 个齿沟，前部没有牙齿的部分较长。以两腿行走，前肢相对较小，后肢粗壮，趾间有蹼，并有一条很长的大尾巴。巨型山东龙太过高大，仅仅左侧一根股骨（大腿骨）就有 1.8 米，等于一个成年人的身高了！骨骼化石全部装架好，有十层楼那么高。所以中国地质博物馆的展厅根本放不下它，无奈之下在三层中厅只陈列展出了它的一块荐椎和一个微缩的复原模型。这块荐椎化石由 1 ～ 10 个脊椎骨组成，椎骨与椎骨都牢固的连接在一起，石化后愈合为一体。其他鸭嘴龙的荐椎都是 9 块，只有巨型山东龙的荐椎是 10 块，所以这是它很重要的分类鉴定特征。

近观这个史前"巨人"的遗骸，我们依旧可以想象它当年在辽阔齐鲁大地上威武的身姿。

巨型山东龙发掘现场

很多观众看到巨型山东龙的这块巨大荐椎，多驻足凝望思考。好像通过这块荐椎想象出它当年的英姿。看似普通的化石，谁知在地下一埋就埋了 7000 万年。它的发现、发掘、研究、装架、展出有着一段不为人知的故事，这还要从一个综合研究队讲起……

1964 年正是国家建设需要石油的关键时期，综合研究队原来在东北大庆附近工作。为了更好地寻找石油，综合研究队转战山东半岛"练兵"，开始了地质普查工作。

到了 1964 年 8 月，综合研究队的队员们在莱阳和诸城之间的吕标乡库沟村龙骨涧，发现一个被水冲蚀的沟里有化石，他们立刻采集了一个很大的腿骨样本邮寄到了地质博物馆。由古生物学家胡承志与地质科学院程政武先生合作开展研究。

当时石油局领导还特意给地质博物馆的馆长写信，希望能邀请胡先生亲自去山东鉴定恐龙化石，决定是否有大规模开采的必要。馆长立刻做出批示："胡承志可以去一趟！"得到了馆长的批准，石油局马上安排胡先生赴山东指导挖掘工作，胡承志在化石产地发现了 18 处破碎的标本暴露点。如此多的化石都能看得见，当时就决定挖！第一次挖下去 2 米，发现了很多化石！工作人员欣喜若狂，之后的 1964 年 10 月、1965 年 4 月、1966 年 5 月及 1968 年 6 月，每一年都投入一个多月挖掘。当时的挖掘条件非常艰苦，设备简陋，人员就是在三个村子里抽调十几个人便开始挖掘。在挖掘过程中，胡老对挖掘工作做了科学系统的指导。功夫不负有心人，在 4 年的时间里，花费了 155 个工作日，采集化石 224 箱，总计 30 吨。分四次运回北京，第一次 6 吨，第二次、第三次、第 4 次各 8 吨。挖掘中共发现了 6 ～ 8 个巨型山东龙个体。

之后又在室内修复了 4 年，把零散的化石重新组合成一个整体的山东龙。

在 1972 年美国总统尼克松访华之际，为了宣传中国新的科技成果，新华社发布了以"山东发现巨大恐龙化石"为题的新闻报道，同时刊登在 1972 年 1 月 22 日的人民日报、光明日报、解放军报、北京日报及全国各大报纸上。消息传出之后，地质博物馆领导非常重视，想申请经费建设新的恐龙展厅，但未果，之后，北京自然博物馆的工作人员联系了地质博物馆，博物馆安排胡承志去自然博物馆帮忙装架巨型山东龙。在装架之前地质博物馆还购买了一部分的铁条及铁柱子拉到自然博物馆。经过两个月的努力，胡承志设计装架方案，自然博物馆主要实施，终于完成了对巨型山东龙的装架工作。由于巨型山东龙头骨非常珍贵，还有重达 509 千克的髋骨无法装架，所以在装架的时候头骨和胯骨用的是模型，其他用真化石。

巨型山东龙作为地质博物馆的使者在北京自然博物馆整整展出了 10 年，直到 1982 年才回来。可刚刚回来不久，它又作为中国的使者出访了日本。1987 年 5 月 20 日，中日双方在钓鱼台国宾馆举行"巨型山东龙"赴日本岐阜县"未来博览会"展出签字仪式。"未来博览会"以展出 21 世纪的科技状况为主，"山东龙馆"是其重要的组成部分。"未来博览会"于 1988 年 7 月 8 日正式开幕，展出历时 74 天，观众踊跃，盛况空前。观众进馆后，先行入座观看相关录像，了解"巨型山东龙"当时的生活环境和生活习性，然后再到后厅观看实物——巨型山东龙化石骨架。由于观众很多，主办方采取限流的措施，但即便如此，最终参观人数仍超过 150 万人次。

举办单位、资助单位的有关人士表示："山东龙馆获得了意想不到的成功。"展出结束后，"未来博览会"协会、中日新闻社与日中文化交流协会，为了纪念"未来博览会"和"巨型山东龙馆"的成功，在博览会原址，即后来的体育广场上建立了一座与山东龙原物等大的青铜艺术雕塑。该雕塑1990年春完成，重约30吨，耗资1亿日元（当时约合73万美元），矗立在"未来博览会"原址，作为永久性的纪念。

半个世纪的挖掘研究、半个世纪的传奇故事。每每步入中国地质博物馆三层，看到那块硕大的荐椎，都会想起这震惊世界的巨型山东龙，都会想象它当年的雄风，不禁内心感慨：伟大的地球竟能孕育出如此壮丽的生命。

小考据

鸭嘴龙为一类较大型的鸟臀目恐龙，生活在白垩纪晚期。

鸭嘴龙类可分为两大类群：一是头顶光平，头骨构造正常的平头类，如巨型山东龙；另一类是头上有各种形状的棘或棒型突起，鼻骨或额骨变化较多，如棘鼻青岛龙。除此以外，还有变化不大、较原始的鸭嘴龙及前颌骨和鼻骨特化成盔状的鸭嘴龙。

来自关岭的鱼龙和海百合

LAIZI GUANLING DE YULONG HE HAIBAIHE

尹超

　　那是一个远古的海湾，波澜不惊，海面上漂浮着许多朽木。然而在那朽木之下，则是一片生机盎然的世界。海床底部固着着许多类似百合花一样的生物，它们在海水中翩翩起舞，构成了海中的百合林。在百合林中，成群结队的鱼儿在穿梭，还有一种庞大的像鱼又像海豚一样的动物，它们有的在追逐鱼群，有的则藏匿在"林中"深处等待着新生命的诞生。这个美妙的画面不是我们的凭空想象，而是在两亿多年前真实存在，让我们描绘出这个美丽画面的主角就是在中国地质博物馆展出的来自贵州关岭的鱼龙和海百合。

　　鱼龙和我们熟知的恐龙一样，都属于爬行动物，都生活在遥远的中生代。已有的化石表明鱼龙早在 2 亿 5000 万年前就已经在海洋中游弋，而恐龙要晚 2000 万年之后才在陆地上漫步。最早的鱼龙个头很小，而且长得与其说像鱼，不如说更像是水中的蜥蜴。后来为了适应海中的生活，身体形态才逐渐向鱼靠拢。到了 9000 多万年前的白垩纪，恐龙还在地球上咆哮的时候，鱼龙家族已经走到了演化的尽头，宣告绝灭。

中国地质博物馆中展出的这个鱼龙体长可以达到 10 米，由于其每节脊椎骨中空，外形很像喝水的杯子，所以称为杯椎鱼龙。它的身体扁长，尾巴呈尖锥状，头部向前延伸形成一个细长的吻。最为奇特的是它的四肢，从整体形态上很像鱼鳍，但不同的是上面布满了小圆点，靠近躯干的圆点稍大，往尖端则逐渐变小。实际上每个圆点都是其四肢上的一块骨头，而为了适应海中的生活，骨骼就由长形变成了圆形。整条鱼龙呈现一个美丽的 S 型形状，似乎还在大海里畅游。在这条鱼龙的腹部，还可以找到很多纤细的骨骼，这些骨骼到底是什么生物的，目前还有待进一步研究，但是根据对其他鱼龙的食物和生殖习性的研究结果，答案似乎要呼之欲出。

在我国及世界上发现的其他一些鱼龙化石中腹部留下的残渣分析，鱼龙的食物主要是鱼，也有软体动物和其他无脊椎海洋生物。由于鱼龙的牙齿细长且向内弯曲，容易咬住光滑的食物，但很难撕裂和磨碎食物，因此科

杯椎鱼龙 （冯皓 摄）

学家们推断鱼龙的进食方式是将整个食物吞进胃里，通过胃酸将食物的软组织消化吸收，不能消化的硬体部分暂时存在胃中，伴随着胃的蠕动被呕吐出来。从这点来看鱼龙腹部留存的纤细骨骼可能是它吞下的鲜鱼，但是还有另外一种可能性。早在 19 世纪晚期，国外就有人发现了数块和成年鱼龙骨骼保存在一起的鱼龙胚胎化石，有的甚至还保存了鱼龙生产时的状态。

这就告诉我们，和大部分爬行动物（如鳄鱼、龟类、蛇类以及绝大多数恐龙等）不同，鱼龙不是卵生，而是卵胎生——卵在鱼龙妈妈的肚子里就孵化，小鱼龙直接从母体中钻出。因此，还有一种解释是这些纤细骨骼属于还未出生的鱼龙宝宝。

如果说这条杯锥鱼龙给人的是一种动态的美，那么一束束集中"绽放"的海百合则给人一种静态的美。

海百合以其形似百合花而得名，其实它不是植物，而是一种棘皮动物，与现在的海参和海胆算是远亲。况且，这片海百合"绽放"时，地球上真正开花结果的植物还没有出现呢。一个完整的海百合有冠部、茎部和根部三部分组成，我们看到的"花朵"部分实际是它的冠部。根据化石记录，这种海中之花早在5亿多年前的寒武纪就在海中吐露芬芳，至今仍顽强地在大洋深处占有一席之地。长期以来，人们一直以为海百合都是底栖生物，但是来自关岭的这些美丽"水中花"给我们展示了另一种生活方式。科学家们在同一时代的地层中还发现了木化石，令人惊奇的是木化石上出现了海百合的颈环，这就表明至少有部分海百合是附着在漂浮或沉底的朽木上，它们是海百合家族中名副其实的游牧部落。

当看着这些保存精美的海百合和鱼龙时，我们肯定会想象它们的生活是多么舒适安逸。但是古地理研究表明，关岭生物群的生物是因为地壳的变动而遭受了灭顶之灾，最终集体困毙于此的。

在2亿4000万年前的三叠纪，现代意义上的大西洋和印度洋还不存在，而存在一个名为古特提斯的远古海洋。当时贵州关岭一带是一个相对封闭的类似于今天渤海一样的海湾，称为南盘江海，只有东南方向与古特提斯洋相连。海水相对平静，生物繁盛，是一个特别适合于鱼龙产仔的水域。于是每年到一定季节的时候，大量的鱼龙便聚集于此。由于陆地河流不断将朽木带入海中，也给关岭海百合提供了安家落户的机会，于是一幅"海中龙戏水，百合吐芬芳"的美丽画面就在关岭地区呈现了。可是好景不长，受到印支构造运动的影响，南盘江海逐渐封闭，隔断了与古特提斯洋的联系，包括鱼龙和海百合在内的众多生物被围困在一个相对较小的空间内。由于生物量大但空间有限，加上河流的不断注入使得海水出现了分层现象，导致深水区大面积缺氧，很多生物纷纷死去。此时关岭地区已经由一个海洋生命的乐园变成了一个埋葬众多生灵的坟场。最终强烈的构造运动使得关岭地区褶皱抬升，南盘江海彻底消失，关岭生物群最终走向灭亡。

创孔海百合 （冯皓 摄）

如今的关岭地区，已经是云贵高原的一部分，巍峨的群山给我们展示的是另一种风景。其中有一座名叫卧龙岗的小山包，它就是 2 亿多年前这些海中生灵的集体墓地。中国地质博物馆中的两块精美标本就是从这里出土，不远万里被运送到北京，最终展现在公众眼前的。

胡氏贵州龙
HUSHI GUIZHOU LONG

尹超

　　2013 年一个骄阳似火的夏日，中国地质博物馆的贵宾接待室里，一位 96 岁高龄的老人用颤抖的手抚摸着一块刚刚从国外归来的化石标本，不时地拿出已经陪伴他多年的放大镜仔细观察。老人始终没有说话，神态始终安详，但从他那热切的目光中我们似乎已经读出这块化石与他的不解之缘。这位老人名叫胡承志，是中国地质博物馆古生物学和古人类学教授，是目前唯一健在的见证北京猿人头盖骨从发现到丢失的人。除了北京猿人外，老人一生踏遍祖国的大江南北，不仅发现了许多新的化石属种，还为即将迎来百岁生日的中国地质博物馆收集了大量珍贵的藏品。在他手中的这块化石正是现在大名鼎鼎的胡氏贵州龙。

　　胡氏贵州龙的生活时代是中三叠世，根据同位素测年的结果显示，它已经在地层中沉睡了 2 亿 4000 万年之久。那时，地球刚刚经历了地史上最大的一次生物大灭绝，贵州龙的出现和迅速繁衍就像给生物界吹来了一股春风，给万物凋敝的年代增添了生机和活力，至今仍然是中外古生物学家研究二叠纪末大灭绝后生物复苏与演化的重要材料。而通过形态学的研究，我们已经对这种史前生灵的模样和生活方式有了深入的了解。胡氏贵州龙身体小巧，呈流线型，前肢比后肢更长、更发达。它的眼睛大而突出，肋骨和胸肌发达。所有

胡氏贵州龙　　（尹超 摄）

这些表明这种爬行动物是海中的游泳健将而非陆地长跑冠军。特别是它的胸腔发达，说明有一个强大的肺能支持它长时间潜水。不仅是形态学，古地理分析也印证了这一点。在2亿多年前，贵州兴义地区为浅海环境，海洋中沉积了大量的碳酸盐岩——这便是今天在该地区广泛分布的石灰岩。由于当时这里是一个相对闭塞的海湾，海水不太动荡，水体较浅而且清洁，光照条件好，盐度正常，有机质丰富，正好适宜贵州龙的生活，因此贵州龙便在这里大量繁衍，也就成了今天我们看到的密集分布的化石。后来，云贵高原一带受到印支构造运动的影响，海水退却，并抬升成陆地，包括贵州龙在内的大量动物也就无声无息地消失了。

贵州龙是在大灭绝后生物复苏的记录；而贵州龙的发现也是新中国成立后地质行业复苏和蓬勃兴起的见证。20世纪50年代，国家开始了第一次大规模的地质找矿工作，很多重要的矿物岩石、矿床和古生物化石都是在这个时期发现的，其中就包括大名鼎鼎的贵州龙。那是1957年的初夏，胡承志从广西南宁包车去云南进行野外工作，途经贵州兴义顶效地区。当地人告诉他这里的石灰岩产鱼化石，而胡先生关心的则是这里很可能找到水生爬行动物化石。那天，天公不作美，下着蒙蒙细

雨，胡先生下了车后便躲到一所小学校里避雨，并换上雨鞋。当雨见小时，他便拿着地质锤、罗盘和放大镜（地质人称为"野外工作三宝"）上山。途经一个村子时，胡老在老乡家中发现了几块奇特的石头——在灰色的石灰岩上，一条纤细的骨骼"镶嵌"其上，这显然是一种脊椎动物的化石。从整体形状看有些像恐龙，但是它太小了——别说和那些动辄十几米甚至几十米的庞然大物相比，就是和世界上当时发现最小的恐龙相比它也是个彻头彻尾的"侏儒"，而且由于当地的石灰岩都是在海中形成的，而恐龙是陆地动物，因此可以肯定这不是恐龙，而是一种未知的海生脊椎动物。胡老于是来了精神。按照老乡的指引，他很快找到了不远处的一个小山包。在那里他收获了不少这类生物的化石。可是当他怀着激动的心情返回驻地时，却发现气氛有些异常。原来，当地的区长对胡老的行装产生了怀疑，他们看胡老拿着地图和罗盘，以为是台湾方面的空降特务。后来经过仔细盘问，并向上级通报后才消除了误会。胡老带着化石返回北京后，请中科院古脊椎与古人类研究所的杨钟健教授进行了鉴定。杨先生就以发现者胡承志和发现地贵州命名了这种生物——胡氏贵州龙。

在贵州龙发现的第二年，地质博物馆的新大楼就在北京西四地区落成。博物馆也从那个南迁北守的动荡年代进入了复苏和快速发展期。随后的几年里，又有不少精美的贵州龙标本在兴义地区出土，其中一些成为地质博物馆的馆藏。此外在胡老的努力下，很多精美的矿物标本也从偏远的大山深处搬入北京的"新家"。

　　贵州龙的发现不仅为生物演化提供了无比丰富的证据，也使贵州兴义这个贫穷的小山村一时间名声大振。半个世纪以来，很多国内外学者纷至沓来，进行研究考察。但也有一些不法分子盗挖、贩卖甚至走私珍贵的贵州龙化石。文中一开始提到的这块让胡老鉴定的贵州龙化石很可能就是被一些不法分子走私出国的。胡承志对于化石走私非常痛心，他在一次采访中这么说："很多化石没有经过研究，就拿出去卖给外国人。结果让人家发表了文章。他们不说这东西是为了卖钱，他们会说中国人没本事研究。这给我们脸上抹黑！我希望那些走私出去的化石有一天能够还给中国。"

　　2013年7月11日，中央政府驻港联络办向国土资源部发函，告知日前一位旅美的国际友人在弥留之际，通过有关香港人士，辗转联系到正在美国率团考察培训的中央驻港联络办副秘书长施继明，提出希望将其收藏的一枚形似"贵州龙"的珍贵化石赠送中国。捐赠者表示，该化石是在中国出土，通过拍卖获得，已经收藏多年，希望能在临终前将该化石赠送中国。鉴于捐赠者态度十分诚恳，经中国驻美使馆方面的认可，施继明将化石带回国内，也就有了这场意义非凡的鉴定会。这块贵州龙后来正式交付给兴义地质公园，让它真正荣归故里，而它的回归也是我国化石保护国际合作不断走向繁荣的见证。

　　贵州龙，一种生活在远古时期的海中生灵，它的出现见证了亿万年前生命从凋敝走向复苏；它的发现见证了新中国成立后我国地质事业和中国地质博物馆的新发展；而流落在外多年的标本的回归也见证着我国化石保护工作开启国际化的新里程。

怀舞　关鼓篇

史音　历回音

刘少奇主席赠送的猎枪

LIUSHAOQI ZHUXI ZENGSONG DE LIEQIANG

王铮

　　这是一杆猎枪，双筒的特征昭示着它的时代特点——苏联时代的产物。这杆苏制双筒猎枪自 20 世纪 70 年代起存放于中国地质博物馆，作为文物保存至今，没有经历战场上的血雨腥风，却也见证了一段峥嵘岁月。

　　"是那山谷的风，吹动了我们的红旗，是那狂暴的雨，洗刷了我们的帐篷。我们有火焰般的热情，战胜了一切疲劳和寒冷，背起我们的行装，攀上那层层的山峰，我们满怀无限的希望，为祖国寻找着富饶的矿藏。"高唱着这铿锵有力的勘探队员之歌，1957 年 5 月 17 日，50 多名学生乘坐学校的大轿车激动万分去了中南海。在中南海一个素雅幽静的会客室里，他们见到了时任中央政治局常务委员、中央副主席的刘少奇同志。他们，是当时北京地质勘探学院的学生。那么，刘少奇主席又为何会接见这样一群普通的学生？学生们又如何与这杆猎枪结下了不解之缘呢？

　　这一切都要从一个人说起。她叫王玉如，是当时学院的团委副书记。在 1957 届的毕业生即将面临毕业的时候，她听说毕业生们希望毕业的时候能有中央领导同志接见，于是，便替学生给少奇同志写了一封信。令她惊喜的是，十几天后，王玉如接到了中央办公厅的电话，电话中说 1957 年 5 月 17 日那天下午，刘少奇决定接见学校的 50 名毕业生代表。在异常兴奋中，学校很快从近一千名毕业生中组织了 50 名代表，为了保证公平，方法是抓阄选派。

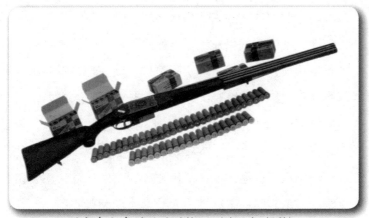

刘少奇主席赠送的猎枪　　（陈开宇　提供）

那一天，少奇同志穿了一身家常服，面带微笑，向同学们招着手。坐下来没有以讲话开始，而是问同学们，想让自己谈什么。闻言后，同学们纷纷发言，少奇同志边听边记录。听完后，缓缓开口说，"你们就要毕业了，地质工作是什么工作呢？"大家愣住了，学了四年的本科生，现在却问什么是地质工作。就在这段谈话期间，刘少奇同志说出了那句至今仍然鼓舞着无数人的话语："我想了一下你们的工作，你们是建设时期的游击队、侦察兵和先锋队"。他解释说，现在是和平年代，但是祖国需要建设，建设需要钢铁，需要基础工业，对我们国家基础工业的矿藏要有底，要勘探，要生产出钢铁来，这就需要和平时期的游击队员找矿勘探，所以地质工作者是和平时期的尖兵，还是和平时期的游击队员。他还告诫同学们，这个工作是很艰苦的，但是这个工作也需要人去做。

刘少奇和同学们的这场谈话，一共进行了三个多小时。他耐心地把同学们提出的困惑和问题一一谈了自己的看法。他告诉同学们要到野外去，当地质匠。还特意嘱咐陪同前来的时任地质部副部长何长工，要特别关心、爱护这些和平时期的游击队员，甚至对于地质队员们长期在野外不易解决的婚姻等问题也给予了特别关注。何部长告诉刘副主席，他们这些人到野外工作会有给养的问题、找对象的问题，甚至会碰到豺狼虎豹，因为在野外有毒蛇、有猛兽。少奇同志便说，"对，你们艰苦，还体现在不仅要与大自然战斗，还要和豺狼虎豹做斗争。"他主动提出要给学生们配备些猎枪，并当即把前不久苏联领导人伏罗希洛夫元帅赠送给他的一杆猎枪赠予学生，让它保护同学们，到野外去抵御豺狼虎豹。

这沉甸甸的礼物，充满了党和国家领导人对地质工作者的殷切关怀，极大地激励了同学们投身地质事业的热情和决心。而这杆猎枪本身，在当时也具有非凡的意义。1956年苏共二十大后，特别是10月波匈事件发生后，西方敌对势力在全世界掀起了一个反苏反共的浪潮。在这样复杂多变的国际形势之下，为了向全世界表明中苏两党团结一致和捍卫社会主义阵地的决心，1957年1月6日，毛泽东以中华人民共和国主席的名义致信苏联最高苏维埃主席团主席伏罗希

洛夫，邀请他在他认为合适的时候访问中国。1957年4月
～5月，时任苏联最高苏维埃主席团主席伏罗希洛夫元帅访
华，他的这次访问，受到了中方高规格的热情接待，毛泽东、
刘少奇、周恩来等党和国家领导人陪同。在伏罗希洛夫访问
上海期间，刘少奇还曾专程赶到上海迎接伏罗希洛夫元帅的
到来。最后，伏罗希洛夫将这把猎枪赠送给刘少奇。这杆猎
枪便成为这场在当时具有深远意义的一次访华之行的见证。
几天之后，在接见学生代表之时，刘少奇将这件珍贵的礼物
转赠给了学生代表。这珍贵的猎枪，除了饱含着刘少奇的亲
切关怀，还蕴含了国家和社会对地质工作者的殷切期望。

"地质工作者是建设时期的游击队"这句话，曾几何时，
催人奋进，激励着老一辈勘探队员战严寒，斗酷暑，风餐露
宿，四海为家，为国家的地质勘探事业奉献青春、抛洒热血。
如今，或许它已成为了地质工作者最响亮的声音和最崇高的
形象。这句话背后饱含着丰富的意义和期望，凝聚着地质工
作者无限的使命感和责任感。

的确，正是这样一段故事，把一群地质工作者和一杆猎
枪这两个看似没有关系的人和物联系到了一起。而这也恰恰
见证了新中国成立以来中国地质事业的发展，蕴含着几代中
国地质工作者的付出与无悔。

20世纪70年代，这杆猎枪被转赠予中国地质博物馆收
藏。然而，如今在展柜中陈放的，却并不是故事中的主角
——刘少奇赠送给学生代表的猎枪。这还有一段故事。

2004年，饱经风雨沧桑的中国地质博物馆修葺一新，
重新面向社会开放，迎接中外观众的到来。这杆猎枪因其极
高的文物价值而被选作为新馆展品展出。但是，也恰恰由于

其极为珍贵，在刚开馆的一段日子里，博物馆的工作人员不得不对它采取特殊的保护方式——每晚闭馆之后，要由博物馆保卫处人员亲自将其从展柜中取出，几人押运转移至库房保存。第二天早晨开馆后，再将其从保管库中取出，重新安放在展柜中供观众参观。这给每一位博物馆的工作人员无形中都增添了不小的压力。为了彻底解决这一问题，更好地保护文物，经向上级领导请示汇报，博物馆最终决定对猎枪进行复制。方案制定后，博物馆两位同志迅速与军事博物馆取得了联系，决定将猎枪带至军事博物馆，在军博的技术支持下，对此杆猎枪进行复制。而复制的这一杆枪，便是如今在展厅中展示给观众的这一件展品。自此以后，真品便被永久作为文物保存在博物馆的地库里。至今，仍然有工作人员定期要对这杆猎枪进行擦拭、保护以及办理检验手续等工作。值得一提的是，这件复制品严格按照真品比例复制，二者几乎相差无异。唯一不同的是，在这杆猎枪的原件上，雕刻有一行俄文，昭示着它那不同寻常的岁月痕迹。

正如少奇同志当年的期冀，继往开来的几代地质人，如同安放在博物馆内的这杆猎枪见证的一样，无悔地投身祖国地质事业，当好建设时期的游击队员，为探清祖国宝藏而奋斗终身。

柴达木之宝
CAIDAMU ZHI BAO

王铮

柴达木，在蒙古语里有盐泽之意。这里遍布戈壁沙漠，丘陵沼泽，却拥有着"聚宝盆"的美誉。它是一块古老而又神奇的地方。近代史上，它吸引着无数探险家和地质学家们神往。

在中国地质博物馆的关怀与鼓舞展厅中，有一件被唤作"柴达木之宝"的展品被静静地陈列着。岩盐晶体制作而成的底座大约一尺多高，雕刻成高低错落的六个格子，分别摆放着装有石油样品的玻璃小瓶，这些瓶子是当时用来装盘尼西林药液的。有些泛黄的标签贴在瓶身上面，分别写着"原油"、"原油蒸馏产品——汽油"、"原油蒸馏产品——煤油"以及"原油蒸馏产品——石蜡"的字

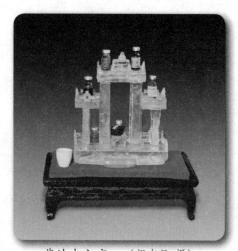

柴达木之宝　（郭克毅 摄）

样，标签的右下角，还注明了产地"油泉子"。在最下面的格子内，还有一块黑色的标本，标签标识为"地蜡"。整件标本的外面，用一个黑色木架的玻璃框罩着，保护着"柴达木之宝"。玻璃的右上方用红漆写着"将柴达木之宝献给敬爱的恩来"，框架左下侧的玻璃写着"青海石油勘探局，一九五六，二"。这件展品是 20 世纪 50 年代青海石油勘探局送给周恩来总理的，后来周总理办公室转送给了原地质部，地质部又送给了中国地质博物馆永久保存。至今，我们仍然可以在展厅中看到保存完好的这件"柴达木之宝"。

提起石油，大家并不陌生。石油又被称之为原油，是一种黏稠的、深褐色液体。石油是古代海洋或湖泊中的生物经过漫长的演化所形成的。有研究表明，石油的生成至少需要 200 万年的时间，在现今已发现的油藏中，时间最老的达 5 亿年之久。在现代社会中，石油主要被用作燃油和汽油，也是许多化学工业产品如溶液、化肥、杀虫剂和塑料等的原料，是目前世界上最重要的一次能源之一。对一个现代化国家而言，能源已经成为经济发展、社会稳定及国家安全的基本保障条件。石油关乎人类的生存与发展，对每一个国家都至关重要。在新中国成立之初，百废待兴，祖国的社会主义建设对石油有着迫切的需要。

1954 年 3 月，当时的国家燃料工业部石油管理总局在西安召开了全国第五次石油勘探工作会议，会议确定了第一个五年计划的勘探任务，其中就包括要稳步地开展吐鲁番及柴达木盆地的勘探这项任务。会议决定派遣石油地质队伍进入柴达木盆地进行地质调查。4 月份下旬，一支由 484 人、6 个地质小队、1 个重磁力队，1 个三角测量队，1 个手摇钻井队组成的柴达木石油地质大队，由中国人民解放军的一个骑兵连护送分批进入了柴达木盆地。

勘探的过程实属不易，环境十分艰苦。当时，地质队有人编了一首顺口溜："天上无飞鸟，遍地不长草。四季少雨雪，风吹石头跑。上面烈日晒，下面热沙烤。冬天寒风吹，夏天蚊虫咬。整月缺水喝，常年不洗澡。指甲当汤勺，虱多用沙炒。拉屎往高爬，撒尿用棍敲。脸蛋黑又红，对象不好找。唯有油气多，大家都说好。"这首顺口溜真实地写照了地质勘探队员们的艰苦生活，但同时那坚强的革命乐观主义态度更是让人为之动容。经过勘探，考察队最终向国务院、西北局和青海省呈报了关于勘探开发柴达木盆地油气资源的报告，认为柴达木盆地油气勘探开发前景十分乐观，柴达木盆地含油地质条件好，昆仑山冰雪融化渗入地下的淡水资源很丰富，可以组织地质勘探队伍进行规模勘探。

根据考察结果，1955年6月1日，燃料工业部石油管理总局决定撤销地质局、钻探局，以地质局机关、柴达木地质大队、柴达木勘探筹备处、民和地质队为基础，抽调钻探局部分专业干部，组建青海石油勘探局。同时，地质部还派出632柴达木石油普查大队，以及由中国科学院兰州地质研究所和南京地质古生物研究所组成的柴达木石油研究队进入了柴达木盆地，与青海石油勘探局一起开展石油地质勘探工作。柴达木盆地由此拉开了大规模石油勘探开发的序幕。

为了进一步摸清地下情况，青海石油勘探局决定在地质勘探的基础上进行深井钻探。1955年11月24日，经过一个多月的准备工作，柴达木盆地第一口深探井——油泉子构造泉一井举行开钻典礼。12月12日，该井钻至650米时，原油从井口溢出，日产 2 吨多，获得工业油流后，勘探局进一步组织对油泉子构造进行钻探，证实了油泉子是一个浅藏油田。泉一井钻探出油，证明了柴达木盆地有着丰富的石油矿藏这一事实，向全国人民报了捷，引起了党和国家，以及社会各界的重视和关注。燃料工业部因此决定对柴达木盆地的石油和天然气进行大规模勘探开发。

中国地质博物馆陈放的这件"柴达木之宝"内所放的石油，就是当年青海石油勘探局首次开采出的原油。柴达木，这个诞生于 20 世纪 50 年代的老油田，这个全国自然环境和条件最苦的油田，这个资源潜力巨大的油田，陪伴着新中国石油事业一路发展壮大。而这件送给周总理的"柴达木之宝"，承载着新中国石油勘探取得突破性进展的振奋，承载着彻底将"贫油国"这顶帽子甩到太平洋里去的决心，更承载着奋斗在柴达木的青海石油人为祖国无私奉献的那份感动。

正是由于它承载着的这份沉甸甸的情感与历史，"柴达木之宝"在到博物馆之初便受到了异常的珍视。对于标本的保存更是采取了特殊的保护方式，尤其是针对底座所使用的材料——岩盐晶体。岩盐是典型的化学沉积成因的矿物，在干燥炎热的气候条件下常沉积于各个地质年代的盐湖和海滨浅水潟湖中。在中国，大规模的石盐矿床以柴达木盆地最有名。因此，当年青海石油勘探局的员工就地取材，充分利用这大自然赋予的财富，雕刻出了这件底座。底座看似晶莹剔透，却又似蒙上了一层薄纱，如同烟雾缭绕中的水晶，卓尔不凡。人们充分利用这大自然赋予的宝贵财富，增加了这件标本的艺术性，也足以见得当时青海石油勘探局那首次勘探出原油后的无比激动心情。然而，岩盐性质易潮解且易溶于水，这给当时博物馆的保管人员提出了一大难题。放在库房，藏品保管人员发现标本开始受潮，于是便想尽办法对其进行干燥和保护，每日给标本采取干燥措施。这便是今天，在展品保护框架内的一隅，角落里放有一小盒干燥剂的原因所在。每一件展品，每一件细节，或许都有着一段故事，展现着一段历史，也映射着博物馆人为每一件标本所付出的努力。

2009 年，在"辉煌 60 年——中华人民共和国成立 60 周年成就展"上，经过层层筛选，这件"柴达木之宝"被选为展品，在北京展览馆内，与众多中外观众见面，让更多人了解了这段艰苦的历史，了解野外地质工作，了解默默奉献的地质工作者，也让它真正无愧于成为展示新中国地矿事业全面发展的荣耀见证。

| 小考据 |

岩盐化学成分为氯化钠，实际上常用以表示由石盐组成的岩石。与日常食用的食盐统称为石盐。岩盐在盐湖或潟湖中与钾石盐和石膏共生。可作为食品调料和防腐剂，是重要的化工原料。

陈赓大将赠送的翡翠原石

CHENGENG DAJIANG ZENGSONG DE FEICUI YUANSHI

高源

　　2012 年 10 月 26 日上午，中国地质博物馆社教部的工作人员突然接到一个重要的接待任务，要接待的人叫陈知健，重庆警备区原副司令员，他的父亲就是赫赫有名的开国元勋——陈赓大将。他此次前来主要是寻访父亲当年捐赠给国家的那块珍贵的翡翠原石。当来到三层的关怀鼓舞厅时，陈老对工作人员感慨地说："我今天终于可以见到这件宝贝了，我曾几次来博物馆想看看这件翡翠，但每次都未能如愿，有一次来正好是周一，你们闭馆，还有一次来是下午五点了，展厅已经关门了，今天终于得偿所愿了！"

　　工作人员陪同陈老来到了翡翠所在的展柜前，当他看着这件久未谋面的翡翠时，情绪非常激动，压低了声音放慢了脚步。"对！就是它！我小时候在家里见过的就是它，这么多年没见了！"。他时而目不转睛地仔细观赏；时而用手饱含深情地抚摸着展柜的玻璃；时而又抬头沉思，仿佛思绪一下回到了那个年代。

那是 1950 年年初，我国北方仍然寒风凛冽，而美丽的云南已经是春意盎然。当时的政治时局恰好与云南的气候相反，我国北方已经解放，人民开始投入到新中国的生产建设中，而西南地区还被国民党残余势力和地方武装所占据。那时陈赓正率领中国人民解放军第二野战军第四兵团进入云南，在云南地区进行最后的解放工作，随后很快将当地的残余武装势力消灭。某天战士们在云南保山西郊，无意中发现了一个土匪，身上背着一杆驳壳枪，还随身携带了一个小包袱。战士们将他抓获后从他的小包袱里发现了一块石头，大家很奇怪，这个土匪身上没有一分钱，为什么却背着一块石头？于是猜测这块石头可能是个宝贝。随后，战士们将这个情况一级一级上报。最终十四军 41 师师长查玉升电话请示陈赓大将，陈赓大将当即指示用一个班的兵力将宝石武装押运到了昆明，同时将情况汇报给了周总理。

1951 年，这块备受瞩目的石头被送往北京，经过有关部门证实，果然不出所料，这是一块非常珍贵的翡翠原石，按中央指示，这块翡翠在中南海瀛台暂时展示。此时的陈赓一直征战于朝鲜战场，没有时间去处理这块翡翠原石。短期展示后，这块翡翠原石又归还到陈赓手中，于是这块翡翠在陈赓家中的衣柜内静静地躺了几年。当时陈知健只有 6 岁，尽管翡翠放在家

翡翠原石 （郭克毅 摄）

中，但陈知健鲜有机会去欣赏它，因为母亲不让他随便动父亲的东西。1955 年，陈赓被授予大将军衔，仅次于大家耳熟能详的"建国十大元帅"。几年来，这块从云南缴获的翡翠一直是他的一个心结，于是陈赓大将最终决定把这块翡翠原石献给国家。几经辗转，这块翡翠最终落户在中国地质博物馆。

陈赓大将捐赠的这块翡翠原石，长约 18 厘米，宽约 15 厘米，高约 6 厘米。其不太规则的形状恰好给人们提供了无限的想象空间——有人觉得它远看像一艘直挂云帆济沧海的小船，有人则认为它像装满宝物的聚宝盆。仔细观察会发现翡翠表面被灰色的外皮包裹着，但在上面中间偏右边的地方开了接近长方形的"窗子"。这使得原石里面的翠绿一览无遗，此外，右侧也能看到很多绿色的部分，其他地方也都能隐约看到绿色。

据陈知健回忆，从抗美援朝的战场回来后，陈赓大将的身体状况每况愈下，1961年因病在上海逝世。在去世前的最后几年里，他一面整理战争资料，写下了很多军事名著，一面还委托家人去地质博物馆看看这块翡翠。与各个战场上的赫赫战功相比，这块翡翠仅仅是他戎马生涯中的一个小插曲，但是它书写了陈赓大将在另一个更大的无烟"战场"上立下的战功，那就是让国宝走进大众的视野，向大众普及地质科学知识，让科学精神深入人心。

温家宝总理赠送的水晶
WENJIABAO ZONGLI ZENGSONG DE SHUIJING

王铮

在中国地质博物馆的关怀与鼓舞厅内，右手边的展柜中有一块体积较大的水晶吸引着人们的注意力。这块水晶透明度比较高，内含有水胆和包裹体，因此是一件非常难得的精美标本。然而，拥有这些条件还不足以使它在中国地质博物馆的关怀与鼓舞厅内与观众见面。之所以能安放在此，与它的捐赠人有着分不开的关系。

温家宝总理赠送的水晶
（郭克毅 摄）

"我从在大学学地质到从事地质工作整整 25 年。这期间大部分时间是在非常艰苦和恶劣的环境中度过的……"，这是时任总理温家宝在 2003 年 3 月 12 日当选国务院总理后举行中外记者招待会的开场白。

这块水晶标本正是温家宝赠送给中国地质博物馆的。如今，这块标本就静静地放置在博物馆的关怀与鼓舞厅内，墙上的一张照片述说着这段故事。1985 年，时任地质矿产部（现国土资源部）副部长的温家宝和博物馆的老一辈工作人员认真地研究着这块水晶。其中一位同志是当时与这块水晶渊源最深的一个人。他叫张英军，正是他，按照领导的指示，将这块水晶带回了博物馆。

当时，有关人员找到张英军，告诉他温总理要赠送给博物馆一块标本，目前尚存放在产地，需要博物馆派人前去取回。得到消息，张英军立即将此事汇报给了馆长，馆长决定指派张英军来办理此事。接到命令后，张英军带着领导批的 600 元钱路费，只身踏上了奔赴东北的火车。到了当地，负责接待的人告诉张英军，在开采出来的水晶中，总共留下了三块——两块大小不一的水晶和一块烟晶。负责接待的人，正是温家宝的同学——王炳熙。王炳熙告诉他，这三块水晶标本可以任意挑选，但是只能从三者中选其一。经过仔细而慎重的挑选，张英军最终选择了这块体积最大最好，并含水草状阳起石包裹体的水晶。

这块水晶产自于辽宁省阜新市西山城子，重达 64 千克。张英军定了这块水晶之后，在王炳熙以及当地其他同志的帮助下，将这块巨大的水晶用随身携带的大背包装好。到了北京，背着重达 64 千克水晶的张英军没有舍得打一辆车，从火车站坐着 103 路汽车回到了博物馆，却又恰逢周日单位没有人，小心翼翼地将它背回了家，到了第二天，才终于将这块水晶完好地带回了博物馆。几经周折，张英军的双肩被压得通红，但心里的大石头却终于落了地。数日之后，温家宝总理对此事十分惦记，又同张英军取得了联系，要来博物馆对这块水晶一探究竟，于是留下了温家宝与博物馆的几位老一辈同志一同研究观看这块水晶的珍贵的照片。

展柜中与水晶一同陈放着的，还有温家宝总理在甘肃酒泉地区从事野外地质工作时所使用的背包、水壶、罗盘、放大镜等装备，以及他在野外工作时所使用的记录本。值得一提的是，其中的一个记录本内有一页非常清晰和严谨的地质素描图，另一页则是工整的手写笔迹，是对素描图的说明；而另一个记录本上，翻开的首页清晰地写着"甘肃省地质局，温家宝"。2004 年 6 月 29 日下午，时任甘肃省地质矿产局局长的孙矿生将这些文物送到了中国地质博物馆，放在中国地质博物馆内收藏。就这样，这批珍贵而特殊的物品从此落户中国地质博物馆。

在这些物品中，罗盘、地质锤、放大镜被称之为地质勘探队员的三件宝。在野外工作时，它们是地质队员必不可少的得力助手，而在温总理曾经工作的那片土地上，它们还被赋予了特殊的精神——独特的"地质三宝"精神：先行、求真与进取。

1968 年春，温家宝来到甘肃省地质局地质力学队，踏上了祖国西北的这片土地，用自己的双脚去丈量祖国大地，正如他所说："头戴铝盔走天涯"。这一留，就在酒泉留了11 年，饱览西北的山河壮阔，直面西北人民的民生疾苦。时至今日，当年的地质力学队已不复存在，换成了如今的甘肃省地质勘探局第四地质勘查院。难能可贵的是，在这片当年温家宝总理挥斥方遒、抛洒热血的土地上，在半个世纪的发展过程中，积淀而成了独特的"地质三宝"精神。之所以被称之为"地质三宝"精神，是因为这三种精神分别源于地质罗盘仪、放大镜和地质锤这三种野外地质勘查工具，二者在精神上有内在联系。

"先行"精神源于地质罗盘仪。罗盘在地质找矿中的作用是认识方向，寻找目标。地质工作中，使用罗盘就代表了认准方向，确定目标，走在前面；这就恰恰体现了地质工作者敢为人先、甘当先行、吃苦在前、追求卓越的精神状态。"求真"精神源于放大镜，放大镜在地质找矿中的主要作用是放大矿石物像，查看其本来面目，也就蕴含着"求真"的内涵；它代表着地质工作者一丝不苟、实事求是、追求真理的过程，也是追求科学精神、探索精神、创新精神的过程。地质锤——代表着"进取"的精神，这是因为地质锤在地质工作中的主要作用为破碎岩石，寓意不断突破进取；它体现着地质工作者不畏艰险、勇于攀登，自强不息、攻坚克难的精神面貌。

这精炼而成的"地质三宝"精神，高度凝练了地质工作者的艰辛与进取，也蕴含着地质工作者的奉献与无私，甚至或许在很多人眼中已经成为地质工作者的象征。正是因为如此，在"中华人民共和国成立 60 周年成就展"中，中国地质博物馆所存放的地质工作使用的"老三件"，还被作为珍贵的展品放在展柜中展出。因为它们，记录了新中国地质事业最早的脚印，也在述说着这

温家宝总理曾使用过的野外地质工具
（地质出版社 提供）

个古老国度对再次腾飞的渴求。纵然，如今随着科技的发展，地质工作产生了科技含量很高的"新三宝"：D22（性能良好的野外用车）、便携式分析仪、GPS定位仪。但是这传统的"三宝"却始终成为地质工作者最深刻的烙印，这组展品饱含着无限的情结，凝聚着"先行，求真，进取"的"地质三宝"精神，引得无数观众驻足观看，在他们当中，有年迈的地质工作者忆往昔，有新一代的地质队员展未来，还有从未了解地质工作这个行业的人们沐浴着这种精神的感染。

温总理曾说，报考地质大学从事地质勘探事业是要"秉承父训——中国地大物博，矿产资源丰富，等待年轻一代去开发。"这句话，亦如那段放在中国地质博物馆展厅中的温家宝亲笔题词——"物华天宝 人杰地灵"，深深地映射着他对地质那浓浓的化不开的深情，亦昭示着他对青年无限的希望和对祖国每一寸土地那沉甸甸的爱。

也正如温家宝总理所说，在当今社会，地质工作的基础性支撑作用不仅体现在地质找矿上，而且渗透于经济和社会发展的方方面面。地质工作的进行，不仅仅关乎国民经济，更切切实实地和人们的生活相关。地质工作者，不仅仅已有老一辈人的兢兢业业，更等待着新一代人的添砖加瓦。

朱德同志赠送的地质标本
ZHUDE TONGZHI ZENGSONG DE DIZHI BIAOBEN

白燕宁

在中国地质博物馆的关怀鼓舞厅，有这样一组展柜，里面放着几组陈旧的盒子，盒子中摆放着一些貌不惊人的标本，前来参观的人无不疑惑，为什么要展出这些展品，其实稍加观察就会发现，原来这些标本都是朱德同志赠送的。

朱德同志非常重视地质事业的发展，关心矿产资源的勘探工作。每当提起他对地质事业的关心，每一位地博人都会不约而同地想起陈列在博物馆关怀鼓舞厅里他捐赠的那一件件地质标本。

在关怀鼓舞厅一角，有一件长约15厘米、宽约16.5厘米、厚约7.5厘米的中型标本，名为"油页岩"，标本上可见"献给朱总司令 全国人民慰问人民解放军代表团东北总分团"的烫金字样。这件标本的由来要追溯到

朱德同志的题词
（郭克毅 摄）

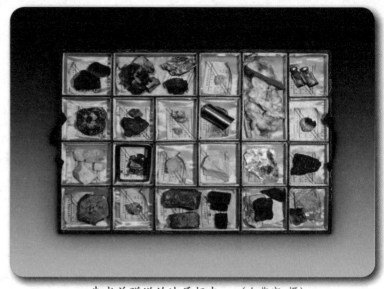

朱老总赠送的地质标本　（白燕宁 摄）

1954 年 2 月 5 日，当时政协全国行联席扩大会议，决定组织"全国人民慰问人民解放军代表团"，董必武副总理为慰问团总团长。朱德同志曾与董必武同志一同视察松辽石油地质工作，也曾亲临钻井现场，看望钻探工人。这件油页岩标本正是当时的"全国人民慰问人民解放军代表团东北总分团"于 1954 年赠送给朱德同志的。

时过境迁，这块意义非凡的油页岩标本，1959 年经朱德同志之手转赠到了地质博物馆，历经了 50 多年的岁月沧桑，其上书写的献礼敬辞烫金字，如今依然清晰可见。并且作为地质博物馆的重要标本，发挥着重要的科研价值和历史价值。

朱德同志与地质博物馆的情结源远流长。在 1959 年 9 月，为迎接新中国成立十周年大庆，全国工业交通展览会在北京开幕。其中地质博物馆负责设计地质资源馆的陈列展览，周恩来、朱德、贺龙、陈毅、李富春、李先念等党和国家领导人亲临展览会视察。那时年已74岁高龄的朱德同志由地质部副部长何长工陪同来到地质资源馆展台前。在听完何长工的介绍后，朱德同志不住地点头，连连说道："祖国宝藏很多，要很好地勘探……，中国地大物博，外国有的矿产，我们能找到，外国没有的矿产，我们也要找出来。"最后朱德同志兴致勃勃地为地质资源馆挥毫题词："探清祖国宝藏"。这表达他老人家对我国地质工作的关心和期望。现在这幅珍贵的题词原件上交中央档案馆收藏，复件仍留在中国地质博物馆关怀鼓舞厅。朱德同志的光辉题词，极大地鼓舞了地质工作者。1972年，正值"文革"期间，86岁高龄的他，挂着拐杖前往地质博物馆参观轻工展览。此次到地质博物馆，他没有通知任何人，而是悄悄地来又悄悄离去。

1983年11月22日，受地质博物馆委派，由张锋同志代表馆业务处，刘运鹏同志代表馆保管部，在中央办公厅中直机关事务管理局局长郭仁和原朱德同志秘书刘兵文的带领下，驱车前往康克清同志的住所接受捐赠。康克清同志按照朱德同志的临终嘱托，将他生前珍藏的矿物、岩石和古生物地质标本，其中包括绿柱石、方铅矿、玛瑙、辰砂、三叶虫等共120多块标本捐赠给中国地质博物馆。康克清就这批标本的

朱老总赠送的油页岩标本
（郭克毅 摄）

情况与工作人员进行了亲切的交谈："这些标本是朱德同志视察全国时，各地和地质、冶金等部门送给朱德同志作纪念的。朱德同志几十年来一直当作'国宝'珍藏在家里。"康克清同志还说："朱德同志五六十年代走过很多地方，每到一处总要看望一下野外地质队员，同他们谈工作、谈生活……朱德同志经常教育家人和身边工作人员，地质标本是国家之宝，要好好保存，千万不能损坏。"为了保存这些标本，朱德同志专门腾出自己的书柜，"文革"前一直放在他的住地四号楼。1969 年以后，朱德同志离开了中南海，这些地质标本也随主人一起迁入了新居。这 120 多块标本虽几经周折，但在朱德同志的精心保管下，还是将它们完整地保存了下来。

2004 年 7 月 14 日，中国地质博物馆重新修缮开馆之际，朱德同志赠送的这批珍贵礼物被展示在观众的面前。每当观众驻足欣赏这些标本时，讲解员都会饱含深情地讲述这段历史，讲述朱德同志对地质事业的关切与厚望。昨日的关怀，今日的鼓舞，这段感人的历史体现出老一辈无产阶级革命家对地质事业的关切，浓缩了他们对地质人的厚爱。

参考文献

贝特赫尔德·奥腾斯. 2013. 中国矿物及产地. 北京：地质出版社, 408~414.

贝特赫尔德·奥腾斯. 2014. 矿物世界. 北京：地质出版社, 114.

董枝明. 2010. 走进恐龙世界. 北京：地质出版社.

曹幼枢. 1999. 中国的第一幅恐龙骨架. 化石. (02)

曾俊超, 何玉泉. 1982. 试谈辰砂及其人工合成. 成都中医学院学报. (01)

曾克武, 王学美. 2008. 朱砂——"良药"还是"毒药". 环球中医药. (03)

陈殿芬, 孙淑琼, 李荫清. 1982. 铜仁一万山一带辰砂的基本特征. 岩矿测试. (02)

陈廷一. 2003. 温家宝的地质情结. 国土资源. (06)

陈希琳. 2013. "石中帝王"寿山石能否称雄投资界. 财经. (09) 135.

陈孝红, 陈立德, 王传尚. 2003. 贵州关岭生物群的埋藏环境与古生态特点. 地质通报. (04)
    278~284.

程星, 潘国昌. 1999. 胡氏贵州龙发育特征及其生活习性分析. 贵州师范大学学报（自然科学版）.
    (03) 49~53.

杜耀西. 1983. 元谋人的历史地位. 史学月刊. (02)

方石. 2008. 价格扶摇直上的鸡血石. 艺术市场. (07)

胡承志, 程政武. 1986. 巨型山东龙再研究的新进展. 中国地质科学院院报. (03)

胡承志. 1973. 山东诸城巨型鸭嘴龙化石. 地质学报. (02) 179~206.

姬书安. 2002. 孔子鸟化石研究新进展. 地质科技情报. (02) 30~34.

季强, 姬书安. 1996. 中国最早鸟类化石的发现及鸟类的起源. 中国地质. (10) 30~33

季燕南. 2010. 巨型山东龙的系统分类、生活习性与生态环境研究. 地学前缘 (01)

金生辉, 崔勇. 2011. 玉《白菜》意遇百财——翡翠玉雕《白菜》赏析. 中国宝玉石. (05)

靳建. 1997. 钻石的故事与钻饰的兴起. 上海工艺美术. (02)

李传夔. 2010. 史前生物历程. 北京：北京教育出版社.

李海负. 1994. 巴林鸡血石及其工艺性能. 珠宝科技. (03)

李文莉, 刘苏君. 2013. 和田玉黄玉辨析. 收藏界 (03).

李文儒, 胡焱荣. 2011. 翡翠境界 中国玉石文化的艺术造化. 紫禁城. (10)

李新岭, 魏薇, 等. 2007. 谈和田玉的分类. 中国宝石. (02) 47~50

李志明, 等. 2002. 狗头金成因新认识. 地质与勘探. (02) 15~17.

刘国梁. 2004. 发现禄丰龙的故事. 少年科学（中法合作版）(04)

刘少奇. 1957. 地质工作者是社会主义建设的开路先锋. 先行颂. 足迹. 中国文史出版社.

刘卫东. 2005. 珠宝饰品讲座（十四）鸡血石. 上海计量测试. (04)

龙远宏. 2009. 大自然的瑰宝——比较昌化鸡血石和巴林鸡血石. 收藏界. (06)

卢保奇, 冯建森. 2012. 玉石学基础（第二版）. 上海：上海大学出版社.

彭德祥. 1995. 说辰砂. 珠宝科技. (02)

钱方．2000．中国最早的古人类——元谋人发现记．大自然．(04)

权延赤．1990．一个老布尔什维克的中国之行——伏罗希洛夫元帅访华纪实．党史纵横．(01)

师德权．1988．大型块金——"狗头金"的成因探讨．黄金 (02)

石为开．2001．献"常林钻石"姑娘的曲折人生．炎黄春秋．(08)

孙艾玲．1985．禄丰蜥龙动物群的组成及初步分析．古脊椎动物学报．(01)

涂怀奎．2002．中国狗头金分布特征与成因讨论．化工矿产地质．(04) 222~228．

汪念龙．2007．中国菊花石研究．科协论坛．(03)

汪啸风，陈孝红，等．2004．关岭生物群．探索 2 亿年前海洋生物世界奥秘的窗口．北京：地质出版社．

汪啸风，陈孝红．关岭生物群——世界罕见的三叠纪海生爬行动物和海百合化石公园．北京：地质出版社．

汪贻水．1980．我国珍贵的天然矿物——辉锑矿．(01) 98．

王非．2012．印材之宝——鸡血石．西部大开发．(04)

王福泉．2012．宝石学与中国地质博物馆——中国地质博物馆宝石厅建馆的追忆．地球．(06)

王玉如．1998．忆敬爱的少奇同志接见北京地质勘探学院毕业生代表．中国地质．(11)

王正端．2008．云南向香港赠送巨型恐龙化石．地质勘查导报．

吴新智．2002．人类进化足迹．北京：北京教育出版社．

武慧玲．1998．北京猿人失踪始末．科学世界．(09)

邢立达．2010．恐龙王国．北京：航空工业出版社．

邢莹莹，朱莉．2007．辽宁抚顺煤精的宝石学特征研究．宝石和宝石学杂志．(04)

徐才，王玉如．和少奇同志度过了一个美好的下午——记北京地质勘探学院毕业生代表和少奇同志的会见．先行颂．足迹．北京：中国文史出版社．6．

阎明复．2009．1957 年形势与伏罗希洛夫访华．百年潮．(02)

杨汉臣，易先瑞，等．1986．新疆宝石和玉石．新疆：新疆人民出版社．

杨瑞东．1997．兴义顶效贵州龙动物群的古生态环境讨论．贵州地质．(01) 35~39．

杨绍卓．1993．千锤百炼谈钻石．云南地质．(02)

杨钟健．1958．山东莱阳恐龙化石．中国古生物志．北京：科学出版社．

杨钟健．1966．云南的另一禄丰龙产地．古脊椎动物学报．(01) 64~64．

袁奎荣．1997．中国观赏石．北京：北京工业大学出版社．

张蓓莉．2006．系统宝石学（第二版）．北京：地质出版社．

张殿双．2002．追踪远古生灵——漫话辽宁古生物化石．沈阳：辽宁美术出版社．

张刚生，李家珍．1998．中国菊花石的矿物组成特征．矿产与地质．(10)

张国平．1996．朱德与地质博物馆．地球．(05)

张乐，汤卓炜．2007．有关北京猿人生存环境的探讨．人类学学报．(01)

赵大升．1978．从"常林钻石"谈起．自然杂志．(06)

赵珊茸，等．1998．菊花石形貌测量及生长机理探讨．矿物岩石．(04)

周飞飞．2011．恐龙蛋窝回家记．中国国土资源报．

周国信．2010．中国的辰砂及其发展史．敦煌研究．(02)

周忠和，侯连海．1998．孔子鸟与鸟类的早期演化．古脊椎动物学报．(02) 136~146．

朱胜利．2008．献宝亲历——纪念"常林钻石"发现三十周年．春秋．(01)
啄木鸟科学小组．2013．史前帝国——恐龙大演化．湖南：湖南科学技术出版社．
胡承志，程政武，庞其清，方晓思．2001．巨型山东龙．北京：地质出版社．
贾兰坡．2011．北京猿人．龙图腾文化出版社．

网站：Chen.P, Dong.Z et Zhen S. An exceptionally well-preserved theropod dinosaur from the
    Yixian Formation of China, Nature,1998-39(8):147-152.《"地质三宝"精神解读》．窦贤
    http://t.qq.com/dou_xian?mode=0&id=116981073010424&pi=7&time=1354087509
王光美访谈录——接见北京地质勘探学院毕业生．人民网，http://cpc.people.com.cn/GB/74144/
    75377/5127530.html
王玉如．"你们是和平时期的游击队"——少奇同志会见地质学院毕业生．人民网，http://cpc.
    people.com.cn/GB/69112/73583/73599/5029480.html
现今翡翠的发展行情与走向 www.shanrunyu.com．
佚名．2012．小白楼浩劫，国宝沉浮录．周末．